煤矿职工工伤预防教育手册

主　编　吴建民

山西出版传媒集团
山西人民出版社

图书在版编目(CIP)数据

煤矿职工工伤预防教育手册 / 吴建民 主编.—太原：山西人民出版社,2012.10
ISBN 978-7-203-07934-7

Ⅰ.①煤… Ⅱ.①吴… Ⅲ.①煤矿—工伤事故—事故预防—手册 Ⅳ.①TD77-62

中国版本图书馆 CIP 数据核字(2012)第 247430 号

煤矿职工工伤预防教育手册

主　　编：吴建民
责任编辑：聂正平
装帧设计：刘彦杰

出　版　者：山西出版传媒集团·山西人民出版社
地　　址：太原市建设南路 21 号
邮　　编：030012
发行营销：0351-4922220　4955996　4956039
　　　　　0351-4922127（传真）　4956038（邮购）
E－mail：sxskcb@163.com　发行部
　　　　　sxskcb@126.com　总编室
网　　址：www.sxskcb.com

经　销　者：山西出版传媒集团·山西人民出版社
承　印　者：太原市力成印刷有限公司

开　　本：880mm × 1230mm　1/32
印　　张：8
字　　数：195 千字
印　　数：1-5000 册
版　　次：2012 年 11 月　第 1 版
印　　次：2012 年 11 月　第 1 次印刷
书　　号：ISBN 978-7-203-07934-7
定　　价：29.50 元

如有印装质量问题请与本社联系调换

序　言

吴永平

　　我国历来高度重视煤矿安全和职工安危，始终将煤矿安全生产摆在首位常抓不懈，强化安全管理，提高煤矿安全保障水平，最大限度降低煤矿事故；始终把煤矿职工的身体健康和人身安危作为头等大事来抓，相继出台了一系列法律、法规和政策，特别是2003年，国务院颁布实施了《工伤保险条例》，确立了工伤预防在整个工伤保险工作中的重要地位，对保障职工工伤医疗救治、经济补偿、分散工伤风险、促进工伤预防和职业康复等发挥了重要作用，实现了从雇主责任险到工伤社会保险、到应对工伤事故和职业病伤害的重大转变。

　　山西是全国煤炭大省，煤炭是高危行业，也是劳动密集型行业。在省委、省政府坚强领导下，经过近几年煤炭资源整合煤矿兼并重组，标本兼治成效明显，煤矿机械化、信息化水平不断提升，安全生产形势稳定好转，推动煤矿进入现代化发展新时代。新形势新条件新要求，对煤矿工伤预防提出了新课题新任务，客观上要求必须深入研究煤矿安全生产规律，进一步强化职业培训，提高职工安全教育，严格执行规程规范，提升安全生产意识，提升队伍整体素质。

山西煤炭社保局通过多年来的实践，在促进工伤预防、保障职工安全方面，已经形成了较为完整的体系，率先走出了山西煤矿工伤保险新路，取得了显著成效，为煤炭行业科学发展、安全发展做出了突出贡献。当前，遵循煤矿安全发展规律，结合《工伤保险条例》精神，根据有关煤矿安全生产法规政策规定，按照煤矿安全生产实际需要，组织有关专家教授，编撰了《煤矿职工工伤预防教育手册》，开创了煤矿工伤预防的途径，走在了社会保障行业前列。

本书以普及安全生产知识、提高煤矿职工职业技能和安全生产意识为主线，以指导用人单位加强安全生产管理、改善劳动条件和保护劳动者身心健康为重点，利用煤矿典型事故案例，深入浅出地分析和阐述了预防工伤事故和职业病危害的重要性、紧迫性，指出了具体的政策措施，内容翔实，通俗易懂，具有较强的政策性、指导性和实用性。主要有三个特点：一是政策性，集中汇集了工伤保险的政策规定，便于宣传教育；二是知识性，收集汇编了许多煤矿安全生产知识，便于自学掌握；三是普及性，与煤矿安全实际工作紧密相连，便于普及运用，是煤矿职工和工伤保险从业人员了解掌握煤矿安全生产、工伤预防知识的好读本，是煤矿企业用于职工工伤预防培训的好教材。

本书的成功编印，是加强煤矿安全工作的一件大事、实事、好事，为煤矿职工学习安全生产知识、掌握工伤保险政策法规创造了有利条件，对于山西及全国煤炭行业乃至社会保险行业发展都将具有重大的推动作用及引领作用。

我们衷心希望，煤炭行业要始终坚持"安全第一、预防为主"、"以人为本"的方针，要始终坚持安全就是最大的政绩，安全就是最大的效益，切实体现安全先于一切、重于一切、高于一切、大于一切，真正做到文化引领、制度先行、理念统一、落实到位，努力抓好居安思安、科技兴安、管理强安、文化创安、打造久安，坚持用科学的理论有力指导工伤预防，用规范的行为有效避免事故风险，用先进的方法大力提升职业安全，认真扎实学习好、应用好相关理论知识和政策要求，进一步充实丰富实际内容，进一步增强安全生产意识，进一步提高工伤预防水平，促进煤炭行业安全发展、和谐发展，为山西转型跨越发展，为全国经济快速健康发展做出新贡献。

（吴永平系山西省煤炭工业厅厅长）

目 录

第一章　煤矿生产基础知识

第一节　煤的成因与赋存

1. 煤的生成

（1）煤的形成阶段

煤是由古生植物体沉积在沼泽环境后，在高温、高压条件下再经过一系列物理变化和化学变化而生成的。具体说来，煤的形成可分为两个阶段：

①泥炭化阶段。古生植物遗体在地表较低的湖泊、沼泽和海湾环境中沉积，因被水淹没、浸泡，大大地减少了与空气中氧气的接触，在厌氧细菌的分解活动下逐渐形成泥炭。

泥炭一般为黄褐色或黑褐色，无光泽，质地疏松。泥炭形成的厚度越大，则成煤后煤层的厚度越大。泥炭形成后，如果地壳上升，泥炭暴露在地表就会风化，不能形成煤。只有在泥炭形成后，地壳下沉，在泥炭上部又沉积其他物质将泥炭覆盖，再经高温、高压后才能形成煤炭。

②成煤阶段。在泥炭形成以后，若地壳继续发生沉降，泥炭层就会很快被其他沉积物所掩盖。这样，泥炭才能保存下来。随着地壳的进一步沉降，泥炭层下降到地下较深的地方，它上面覆盖的沉积物就会愈来愈厚。在压力和地温的共同作用下，原来疏松、多水的泥炭受到紧压、脱水、胶结、聚合，体积大大缩小，就变成最初的煤——褐煤。褐煤形成后，如果地壳继续沉降，则在温度更高、压力更大的条件下，褐煤内的成分将进一步变化，

1

最终形成各种不同种类的煤。这些不同种类的煤依次是：褐煤—长焰煤—不粘煤—弱粘煤—气煤—肥煤—焦煤—瘦煤—贫煤—无烟煤。

(2) 煤层的形成条件

形成具有开采价值的煤层必须要有以下四个条件：

①植物的大量繁殖。植物遗体是成煤的原料，没有植物的生长就不可能有煤的形成。因此，在漫长的地质历史中，成煤的时期应该是有大量植物繁殖的时代，我国最主要的三个聚煤时期是石炭二叠纪、侏罗白垩纪和第三纪，就分别是植物界的孢子植物、裸子植物和被子植物繁殖的极盛时代。

②温暖潮湿的气候。植物的生长直接受气候的影响，只有在温暖潮湿的气候条件下，植物才能大量繁殖。同时，植物遗体只有在沼泽地带才能被水淹没，免遭完全氧化而逐渐堆积，沼泽的扩大则要求有潮湿的气候。因此，温暖和潮湿的气候是成煤的重要条件。

③适宜的古地理环境。要形成分布面积较广的煤层，必须有能够适宜于植物大面积不断繁殖和遗体堆积的地理环境以及植物遗体免遭完全氧化的自然地理条件。

④地壳运动的配合。地壳运动对煤的形成的影响是多方面的。泥炭层的积聚要求地壳发生缓慢下沉，而下沉速度最好与植物遗体堆积的速度大致平衡，这种状态持续的时间越久，形成的泥炭层越厚。泥炭层的保存和转变成煤的过程则要求地壳应有较大幅度和较快的沉降。在同一地区若形成较多的煤层，则是因为地壳在总的下降过程中还发生过多次的升降和间歇性的下沉。

由此可见，在地球发展的地质历史过程中，某个地区如果同时具备了上述四个条件，并彼此配合得很好，持续的时间也较长，就可能形成很多很厚的煤层，成为重要的煤田。如果四个条件的配合只是短暂的，虽然也能有煤生成，但是不一定具有工业价值。

2. 煤的赋存条件

(1) 煤层赋存的形态

煤层在地下赋存的几何形态有层状、似层状和非层状三类。层状煤层的层位稳定、连续，厚度变化小，而且有一定规律；似层状煤层的层位比较稳定，虽然有一定的连续性，但厚度变化大，而且没有规律，其形态有藕节状、串珠状、瓜藤状等；有的煤层形态变化很大，连续性很差，常有分岔、尖灭，而且煤层厚度变化无常，也无规律可循，这类煤层称为非层状或不规则煤层，常见的有鸡窝状、扁豆状或透镜体状等。

煤层形成不同的几何形态，主要取决于当时的沉积特点。地壳沉降不均衡、泥炭沼泽基底起伏不平或分布不连续，以及地质构造作用的破坏、古河流的冲刷与海水冲蚀等，都能造成煤层厚度的变化，形成各种不规则形状的煤层。

(2) 煤层的结构

煤层结构是指煤层内是否含有较稳定的夹石层。通常煤层结构分为简单结构和复杂结构两类。

简单结构的煤层中不含稳定的夹石层，但有时含有少量的矸石透镜体。简单结构煤层反映在当时煤层形成过程中，植物堆积是连续的。在自然界中，简单结构的煤层多数为厚度不大的煤层。

复杂结构煤层中含有较稳定的夹石层，其夹石层数一般为 1~2 层，多时可达数层。煤层中含有夹石层时，一方面由于其硬度较大，开采时给采煤带来不利影响，从而降低割煤速度，缩短机组使用寿命；另一方面在混合开采时会增加煤炭的含矸率与灰分，导致煤炭质量下降。因此开采含有 0.5 米以上的矸石夹层的复杂结构煤层时，如果是厚煤层分层开采，应尽可能利用夹石层作为隔层顶板；若煤层厚度不大，应实行分采分运，避免煤矸混杂，提高煤炭质量。

由于沉积条件的差异，各煤田所含的可采煤层层数多少不一，

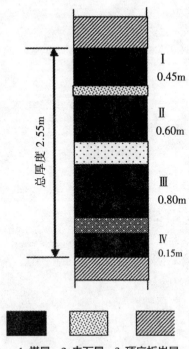

I
0.45m

II
0.60m

总厚度 2.55m

III
0.80m

IV
0.15m

1. 煤层；2. 夹石层；3. 顶底板岩层

图 1-1　煤层厚度示意图

少的仅一层可采，多的可达数十层。多煤层井田的开拓，尤其是层间距的大小以及煤质、煤种的不同，在很大程度上影响到开拓部署和开采程序。

（3）煤层的厚度

煤层厚度是指煤层顶底板岩层之间的垂直距离。由于成煤过程中聚煤自然条件不同，煤层厚度的差别很大。有的煤层仅数厘米厚，有的则达一二百米厚。由于煤层的结构比较复杂，有的含有若干矸石夹层，为了便于储量计算，根据煤层结构与厚度，把厚度分为总厚度、有益厚度与可采厚度三种。煤层总厚度是指包括矸石夹层在内的煤层顶底板之间的垂直距离，为各煤分层和夹石层厚度的总和；有益厚度是指煤层总厚度中，除去矸石夹层厚度的各煤分层厚度的总和；可采厚度是指达到国家规定的最低可采厚度以上的煤层厚度或煤分层厚度之和，其中矸石夹层厚度和低于最低可采厚度的煤层不计（见图 1-1）。

煤层最低可采厚度是指在目前开采技术条件下，可开采的煤层最小厚度，其标准数值是根据国家能源政策和不同地区的资源状况确定的。

根据开采技术的特点，煤层按厚度划分为三类：①薄煤层，厚度小于 1.3m；②中厚煤层，厚度在 1.3 米到 3.5 米之间；③厚煤层指大于 3.5 米的煤层。习惯上将厚度大于 8 米的煤层，称为特厚

4

煤层。厚煤层和中厚煤层在我国的煤田中占有较大的比重。

(4) 煤层的倾角

煤层的倾角是指煤层面相对水平面的夹角，倾角对采煤方法和设备的选型有很大影响。

根据倾角大小将煤层分为四类：①近水平煤层，倾角小于 8°；②缓倾斜煤层，倾角在 8°~25° 之间；③倾斜煤层，倾角在 25°~45° 之间；④急倾斜煤层，倾角大于 45°。

3. 煤层的顶底板

煤层顶底板是指煤系中位于煤层上下一定范围的岩层。按照沉积顺序，先于煤层沉积而形成的岩层称为煤层底板，后于煤层沉积形成的岩层称为煤层顶板。在正常情况下，底板位于煤层之下，而顶板位于煤层之上。当地质构造破坏较剧烈时，有可能发生侧转。

根据岩层的相对位置及开采过程中岩层变形、垮落的难易程度，顶板可分为伪顶、直接顶和基本顶三部分：

①伪顶——位于煤层之上随采随落的极不稳定岩层，其厚度一般在几厘米到数十厘米。伪顶多为炭质泥岩、泥岩或页岩等。

②直接顶——位于伪顶或煤层之上具有一定的稳定性，经常是煤采出后不久便自行垮落，厚度一般为数米。直接顶一般由一层或数层粉砂岩、页岩和泥岩组成。

③基本顶——位于直接顶或煤层之上，其厚度较大、难于垮落，通常由砂岩、砾岩或石灰岩等组成。

煤层的底板又可分为直接底和基本底（老底）。直接底位于煤层之下，厚度数十厘米至数米，多为富含植物根化石的泥岩，有的直接底遇水膨胀，容易发生底鼓现象，致使巷道遭到破坏；基本底位于直接底之下，常为砂岩或粉砂岩。

煤层顶底板岩性和赋存条件与采掘工作面顶板安全管理关系十分密切。顶板为页岩或碳质页岩时，顶板容易破碎，在采掘生产活动中经常造成冒顶；顶板为砂砾岩时，顶板非常坚硬稳固，在回柱放顶时或综采工作面推进后，常在采空后形成大面积悬顶不落，一旦垮落下来，会对工作面产生巨大破坏作用，甚至摧垮整个采煤工作面和附近巷道；底板为黏土岩时，支柱容易钻底，底板容易遇水膨胀鼓起，影响采掘工作面的支护效果。所以，必须采取有针对性的安全技术措施，确保顶底板安全。

第二节　矿井的开拓与巷道施工

1. 井田的开拓方式

开拓巷道在井田内的总体布置方式，称为井田开拓方式。由于井田范围、煤层埋藏深度和煤层层数、倾角、厚度以及地质构造等条件各不相同，矿井开拓方式可分为斜井开拓、立井开拓、平硐开拓、综合开拓和分区域开拓等几种类型。井田开拓方式决定了全矿生产系统的总体布局，影响着矿井建设和生产时期的技术经济指标。

（1）斜井开拓

主副井均为斜井的开拓方式称为斜井开拓。斜井开拓在我国应用很广，随着技术和装备水平的提高，尤其是其长距离、大运量、连续提升的特点，其使用范围正在逐渐扩大。

（2）立井开拓

主副井均为立井的开拓方式称为立井开拓。立井开拓对井田地质条件适应性很强，也是我国广泛采用的一种开拓方式。

（3）平硐开拓

从地面利用水平巷道进入煤体的开拓方式称为平硐开拓。这种开拓方式，常用在一些山岭和丘陵地区。除进入煤体方式不同外，井田的划分和巷道布置与斜井、立井开拓基本相同。

采用平硐开拓时，一般只开掘一条主平硐，它担负运煤、出矸、运料、通风、排水、敷设管缆和行人等任务。在井田上部回风水平开掘回风平硐或回风井（斜井或立井）。

（4）综合开拓方式

主要井筒采用不同的井硐形式进行开拓的称为综合开拓方式。从井筒（硐）形式组合上看，综合开拓方式类型有斜井——立井、平硐——斜井、平硐——立井及平硐——斜井——立井四种类型。

2. 巷道的施工方法

巷道施工就是把岩石破碎下来，形成设计所要求的空间，并对掘出的空间进行支护的过程。巷道根据断面煤岩所占比例的不同可分为岩巷、煤巷和半煤岩巷。按巷道坡度的不同又可分为平巷、斜巷和立井三类。在施工过程中，应根据各类巷道的不同特点进行施工。

施工过程主要包括破岩、装岩、运输、支护等主要工序，同时还有通风、修筑排水沟、敷设管道、铺设轨道等辅助工序。这里重点介绍巷道的掘进和支护：

（1）巷道掘进

①钻眼爆破法掘进。钻眼爆破法掘进是利用钻眼爆破的方式将岩石破碎下来的掘进方法，其主要工艺是钻眼、放炮和装岩。通风排除炮烟后，人才能进入工作面。首先对放炮后的顶板及支架进行安全检查，敲帮问顶、处理活石后，才能开始装岩工作。钻眼爆破法掘进工作面一般都使用机械装岩。

②综合机械化掘进。在掘进工作面采用了综掘机掘进，实现了破岩、装岩及运输的机械化。综掘机有煤巷掘进机和岩巷掘进机两类。

（2）巷道支护

巷道开掘以后，必须及时进行支护以控制顶板，支护包括临时支护和永久性支护。

永久性支护形式有以下几种：

①砌碹支护。砌碹支护的材料有料石、砖及混凝土等，具有防水、防火、耐腐蚀、壁面光滑、通风阻力小等优点。砌碹支护一般用于服务年限较长的开拓巷道及主要硐室。

②棚式支护。棚式支护是煤矿准备巷道和回采巷道常见的支护形式。架棚材料有木材、钢筋混凝土、工字钢及U形钢。架棚的形式有梯形、拱形等。

③锚杆支护。锚杆支护是我国井下巷道支护的发展方向，是我国煤矿采用的主要支护形式之一。其优点是支护成本低廉、速度快、质量有保证，既适用于硬岩，也适用于软岩。加之和锚杆配套的支护方式的优越性，其应用越来越广泛。

目前在我国煤矿井下使用的锚杆有木锚杆、竹锚杆、树脂锚杆、钢丝绳锚杆、金属管缝式锚杆、钢筋锚杆、玻璃钢锚杆、锚索等。锚杆支护的配套形式有锚喷支护、锚网支护、锚网喷支护、锚梁支护、锚索支护和锚杆钢带支护等。

第三节 主要的采煤方法与采煤工艺

采煤方法包括采煤系统和采煤工艺两项内容，不同的采煤方法所采用的采煤巷道布置系统及回采工艺不同。采煤方法指采煤工艺与回采巷道布置及其在时间、空间上的相互配合。采煤系统即采区巷道布置方式、掘进和采煤顺序的合理安排以及由采区供电系统、通风系统、运输系统、排水系统等共同组成的完整系统。不同的采煤工艺与相应的采煤系统相配合，就构成了各种各样的采煤方法（见图1-2）。

一、主要的采煤方法

采煤方法的种类繁多，按煤炭开采方法的明显特征分，采煤方法可分为井工开采和露天开采两种。目前我国煤炭的开采方法是以井工开采为主，在井工开采中又可分为壁式和柱式两大类。

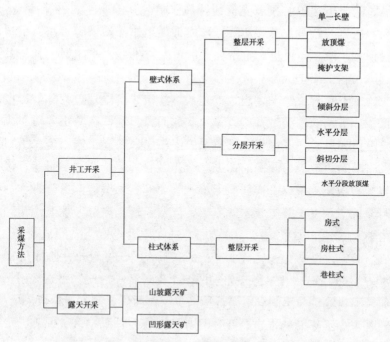

图 1-2 采煤方法

这两种不同类型的采煤方法，在采煤系统及采煤工艺方面有很大的区别。

1. 壁式采煤法

一般以长工作面采煤为其主要特征，产量约占我国国有重点煤矿的 95% 以上。

根据煤层厚度及倾角的不同，开采技术和采煤方法也有较大区别。对于薄及中厚煤层，一般是按煤层全厚一次采出，即整层开采；对于厚煤层可将其划分为若干中等厚度（2 米~3 米）的分层进行开采，即分层开采，也可采用放顶煤整层开采。无论整层开采或分层开采，依据煤层倾角和采煤工作面推进方向不同，又可分为走向长壁开采和倾斜长壁开采两种类型。

对于走向长壁采煤法，首先是将采（盘）区划分为区段，在区段的上下边界分别开掘区段回风平巷和运输平巷，在采（盘）区的边界沿倾斜开掘开切眼，形成采煤工作面。采煤工作面呈倾斜布置，沿走向推进，上下回采巷道基本上是水平布置，且与采（盘）区上山相连。

对于倾斜长壁采煤法，首先是将井田或阶段划分为分带，在每个分带的两侧分别开掘运输斜巷和回风斜巷，在井田的边界或阶段边界沿走向开切眼，形成采煤工作面。采煤工作面呈水平布置，沿倾斜推进，两侧的回采巷道是倾斜的，并通过联络巷直接与大巷相连。采煤工作面向上推进称为仰斜长壁；向下推进称为俯斜长壁。由于开采技术等原因，倾斜长壁采煤法一般适用于倾角小于 12 度的煤层。

壁式体系采煤法的特点是：采煤工作面长度较长，通常在 80 米~250 米左右；在采煤工作面两端至少各有一条回采巷道，用于通风和运输；采落的煤沿平行于采煤工作面煤壁的方向运出采场；随着采煤工作面的推进，要及时有计划地处理采空区；此外，壁式体系采煤法工作面的通风状况良好。

2. 柱式采煤法

柱式采煤法的特点是：煤壁短，同时开采的工作面数目较多，采出的煤炭垂直工作面方向运出。

（1）房式采煤法。沿巷道每隔一定距离开采煤房，用煤房之间的煤柱子支撑顶板的采煤方法。

（2）房柱式采煤法。沿巷道每隔一定距离先采煤房直至边界，再后退采出煤房之间煤柱。

（3）巷柱式采煤法。沿煤层的走向和倾斜方向开掘大量巷道，将煤层划分成边长 6 米~30 米的正方形或长方形煤柱，然后有计划地回收这些煤柱。

二、采煤工作面回采工艺

采煤工作面回采工艺主要有破煤、装煤、运煤、支护及采空区处理五大内容，其中前三项是为了把煤从采煤工作面采出，简称采煤；后两项是为了控制顶板，为采煤创造安全的工作条件，通常叫做顶板管理。采煤工作面进行各工序所用的方法、设备及相互配合，统称为回采工艺。因工作面机械化程度不同，回采工艺也有所区别。

1. 普通机械化采煤工作面回采工艺

普通机械化采煤工作面是指在工作面装备了单滚筒采煤机、可弯曲刮板输送机及单体液压支柱配合金属铰接顶梁支护的工作面。工作面破煤、装煤、运煤基本实现机械化，而支护和采空区处理还是人工进行的。由单滚筒采煤机完成破煤。采煤机在运行中，安装在摇臂上的滚筒不停地旋转，利用截齿将煤截割下来。为了方便工作面顶板管理，在单滚筒采煤机割煤时一般都采用"∞"字形割煤法。在工作面上、下缺口处，需打眼放炮人工开缺口。普通机械化采煤工作面装煤依靠采煤机滚筒上的螺旋叶片和挡煤板配合，在滚筒割煤的同时将煤推入溜槽。如果还有少量遗煤，则需人工清理后才能推移输送机。运煤同样依靠铺设在工作面的刮板输送机、顺槽转载机和胶带输送机。普通机械化采煤工作面支护是利用 DZ 型单体液压支柱配合 HDJA 型铰接顶梁支护的。支柱和顶梁的配合方式有齐梁直线柱和错梁直线柱。采空区处理采用全部垮落法，即在工作达到最大控顶距后回收放顶线 1~2 排支柱，使顶板自然垮落。

综合来说，普通机械化采煤工作面回采工艺是采煤机从工作面中部开始开动，采煤时升起滚筒割顶煤进刀后停机；采煤机停机后，从工作面中部推输送机至工作面下缺口处，完成整体推移，随后支设工作面下半部分固定柱；当工作面达到最大放顶距后回柱放顶。

2. 炮采工作面回采工艺

以钻爆法落煤、人工装煤、金属摩擦支柱或单体液压支柱配合金属铰接顶梁或 II 型梁支护的工作面称为炮采工作面。工作面破煤是按照规定的炮眼布置方式用煤电钻打眼，后装入煤矿许用的安全炸药及煤矿许用的电雷管起爆，从而把煤从煤壁上崩落下来。工作面放炮结束或在安全距离以外时，装煤人员就可以进入装煤点攉煤了。人工装煤前必须首先检查放炮后的顶板及支架，进行敲帮问顶、处理活石和控制顶板，然后才能开始攉煤。装煤中要随时注意煤帮、顶板，防止片帮、掉矸伤人。不能直接把大块煤矸装入刮板输送机，应人工破碎后再装入输送机。炮采工作面运煤实现了机械化，即依靠铺设在工作面的机道上的可弯曲刮板输送机将煤运入顺槽转载机后经胶带输送机运出工作面。如炮采工作面的基本支架是依靠单体支柱配合金属铰接顶梁或 H 型梁支护顶板的。工作面煤被采出后，必须对采空区后方的顶板进行处理；否则就不能保证工作面安全生产。采空区处理方法根据煤层开采条件可分为三种，即全部垮落法、充填法和缓慢下沉法。

总之，炮采工作面回采工艺过程是由放炮员首先在工作面打眼、装药、放炮；放炮结束后，攉煤工开始进入工作面挂梁控制顶板并攉煤入工作面输送机；装运煤工作完成后，开始整体推移输送机至煤壁处，随后打工作面固定柱；当工作面达到最大控顶距时，回收采空区一侧 1~2 排固定柱，使顶板自然垮落。

3. 综采放顶煤工作面回采工艺

综采放顶煤技术的关键在于采用了放顶煤支架。这种支架后方有一个可以打开和关闭的放煤窗口。当工作面支架前移后，其上部顶煤会自然垮落，堆积在支架掩护梁下方。放顶煤时只需打开放煤窗口，顶煤会落入工作面后部刮板输送机溜槽中运出工作面。顶煤放完后，立即关闭放煤窗口，防止矸石窜入工作面。

4. 综合机械化采煤工作面回采工艺

综合机械化采煤工作面是在工作面配备大功率的双滚筒采煤机、大功率的可弯曲刮板输送机、液压自移支架及转载机、可伸缩胶带输送机，实现工作面破煤、装煤、运煤、支护及采空区处理的全部机械化。总的说来，综合机械化采煤工艺由于采用了大功率双滚筒采煤机，可在工作面实现一次采全高；采煤机首先由工作面下顺槽处完成斜切进刀割入煤壁后，开始向上割煤，同时滚筒上的螺旋叶片和挡煤板配合将煤装入工作溜槽中运出；在采煤机割煤的同时，滞后一段距离拉架并推输送机，支架后方的顶板在拉架中自然垮落。

第四节　煤矿的主要生产系统和辅助生产系统

井下生产有掘进、采煤和运输提升三个主要过程，其中采煤和掘进是最主要的两项工作。井下生产系统的主要任务是保证井下采煤、掘进、运输、提升、排水和通风等工作正常进行，把采掘出来的煤炭、矸石输送到地面，再和地面的生产系统相衔接。同时，将动力、材料和设备输送至井下所需要的地点。只有确保各个生产系统正常运行，才能保证煤矿井下安全生产。

1. 煤矿运输、提升系统

煤炭是煤矿的产品，煤炭从几百米深的井下要经过一系列的运输环节，才能到达地面；井下要开掘巷道，掘出的矸石同样要运到地面矸石山；井下各种支护材料、采掘设备只有经运输才能到达采掘工作面；人员的上下班等都是依靠矿井的运输、提升系统来完成。因此，运输、提升系统是煤矿的一个极其重要的系统，它主要包括运煤系统、排矸系统、材料运输系统等。

主要提升设备有立井使用的罐笼、箕斗，斜井使用的斜井箕斗、串车、带式输送机等。主要运输设备有输送机（带式输送机、刮板输送机）、轨道输送设备（电机车、矿车、轨道等）、钢丝绳输送设备，以及逐渐采用的如胶轮运输车、单轨吊车、齿轨车、卡轨车等新型运输设备。

2. 通风系统

煤矿井下生产中最重要的系统就是矿井通风系统。通风系统合理、正常运行，才能保证井下有毒有害气体的稀释和排放，才能保证人员呼吸所需的新鲜空气，才能创造井下良好的气候条件；不然的话，就无法顺利进行生产。通风系统的主要设备有主通风机、局部通风机、风筒以及进风巷道、回风巷道、风墙、风障、风桥、风门、密闭等设施。

3. 供电系统

矿井的供电系统要求绝对安全可靠，为了保证安全供电，要求必须有双回路电源，以保证矿井生产的正常运行。在井下生产时，如果某一路电出故障，那么，必须保证另一路电立即供电。否则，就会发生重大事故。一般矿井供电系统是：双回路电网—矿井地面变电所—井筒—井下中央变电所—采区变电所—工作面用电点。除此之外，矿井还必须对一些特殊用电点实行专门供电，如矿井主通风机、井底水泵房、掘进工作面局部通风机、井下需专门供电的机电硐室等。供电系统的主要设备有变压器、电缆、开关、配电箱、启动器（手动、磁力）等，井下电力设备要求都是防爆的。

4. 供排水系统

煤矿井下生产洒水灭尘需要水，液压设备需要水，井下防灭火需要水。因此，向井下供水是必不可少的措施。除此之外，还要注意，矿井水必须排到地面，否则会淹没采掘工作面。为此，矿井应建有供、排水系统。在供水管道系统中，有大巷洒水、喷雾、防尘水幕。煤的各个转载点都有洒水灭尘喷头，采掘工作面有洒水灭尘喷雾装置、机械设备供水系统等。为了排出矿井水，矿井一般都在井底车场处设有专门的水仓及主水泵房。主水仓一般都有 2 个，其中 1 个储水、1 个清理。主水仓的上部是主水泵房，水泵房内装有至少 3 台水泵，通过多级水泵将水排到地面。

矿井排水设备主要包括水泵、水管、阀门及其他附件和配电装置。

5. 瓦斯监控系统

瓦斯监控系统在我国目前应用很广泛，我国高瓦斯矿井及煤与瓦斯突出矿井一般都安装了瓦斯监控系统。这种系统是在井下采掘工作面及需要监测瓦斯的地点安设多功能探头，24小时不间断监测井下瓦斯的浓度，并将监测的气体浓度通过井下处理设备转变为电信号，通过电缆传至地面主机房。在地面主机房还安设了信号处理器，将电信号转变为数字信号，并在计算机及大屏幕上显示出来。管理人员可以随时通过屏幕上的信息掌握井下各监控点的瓦斯浓度。当某处瓦斯超限，井上下会同时报警并自动采取相应的断电措施。

6. 灌浆防灭火系统

灌浆防灭火系统对于煤层自燃发火严重的矿井来说是必须要安置的。这种系统是在地面建立制浆站，将黄土、沙子等制成泥浆，再由管道送入采煤工作面上顺槽。随着工作面回采，对采空区后方进行灌浆，用浆体将采空区遗煤包裹起来，使煤和氧气隔绝，这样就防止了煤的氧化自燃。

7. 通信系统

电话通信系统可以保证煤矿生产的顺利进行。在井下各个采掘工作面、煤的装车点、变电所、主要机电硐室、火药库等地方都装有防爆电话机，通过电话联络，可以随时掌握井下掘进面的生产情况。当矿井发生灾变时，电话机又是指挥救灾的必要设施。目前，移动通信已应用于部分矿井中。

井下辅助系统还有压缩空气供给系统、照明系统和避灾设施等。

第五节　煤矿井下的主要机电设备

机电设备是煤矿生产中非常重要的装备，它还是煤矿现代化程度的重要标志。煤矿井下设备很多，分采掘机械、电气设备、运输设备、通风设备等几大类。具体的有采煤机、掘进机、运输机、绞车、风机、水泵、电动机、开关、电缆等。在综合机械化采煤工作面还有一整套液压支架和大小不同的管路。各种机电设备会随着煤矿现代化建设的不断发展而逐渐增多。

机电设备由具有安全操作资格的司机操作。不具备安全操作资格的人员，切不可开动、停止或拨弄，否则不但会损坏这些设备，妨碍正常工作，甚至可能会引发重大事故。机电硐室是个重要的地方，为了保证设备正常运转，非工作人员不得随便进入。

员工对自己所管理和操作的设备都应当会使用，会管理，会检查毛病，会排除故障，力争做到"三好"，即用好、管好、维护好。任何机电设备发生了故障，只能由该设备的司机本人或专职维修人员进行检查和修理。如果需要在井下打开设备外壳进行检查和修理时，必须先切断电源，并悬挂"有人工作，不准送电"警示牌。任何人都不准在井下带电检修设备。若看到有人带电检修时，要坚决制止。

矿工应自觉爱护井下的电缆，不得损坏，否则容易造成短路事故，就可能发生危险甚至导致瓦斯爆炸事故。电缆本是悬挂在巷道两帮上的，如果见到电缆掉落在地上，就要主动把它重新挂好。发现电缆上有破口或者露出了明线头，就要立即向机电人员报告，及时处理，以防后患。

【案例】无证人员操作绞车造成事故

某采煤三队在某巷道施工，班长及安监员在现场发觉没有绞车操作工，安监员特别交代没有操作工不准随便开绞车后离去。但全班为不能完成生产任务而着急，有人建议叫看守另一台小绞车的工人过来开车，班长同意了。将该工人叫来后一问他不是绞车操作工，这时其中一人自荐帮助这位工人开车，并分工一人按按钮，一人操作闸，班长也同意了。当挂上矿车向下坡道放车时，管按钮的工人按错了按钮，矿车反而上提，并使矿车上拉掉道，挤着了在场的一名工人，操作闸的工人迅速停车，众人都叫开反车，慌乱中管按钮的工人又按错了按钮，矿车又继续上拉0.6米，造成被挤工人再次被挤成重伤，因抢救无效而死亡。

事故原因如下：（1）非绞车操作工开车，并且两人开一台车，严重违章；（2）班长不按安监员要求，违章指挥，组员没有抵制；（3）误操作。

第二章 煤矿安全责任制度

第一节 煤矿企业安全生产管理制度

国家规定，煤矿企业必须建立安全生产管理制度，制度的内容和具体要求是：

1. 安全生产责任制。要按照岗位、职能、权利和责任相统一的原则，明确各级负责人、职能机构和各岗位人员承担的安全生产责任和义务；要将企业、部门或单位的全部安全生产责任逐项分解，逐级落实到各岗位和人员。

2. 安全办公会议制度。要明确安全办公会议的召开周期、内容、主持人和参加人员。安全办公会议必须由安全生产第一责任人主持。会议应当有完整的记录，载明议定的事项、决定以及落实的人员、措施和期限。会议记录、纪要应纳入档案管理。

3. 安全目标管理制度。应依据上级下达的安全指标，结合实际制定年度或阶段安全生产目标，并将指标逐级分解，明确责任、保证措施、考核和奖惩办法。

4. 安全投入保障制度。应按国家有关规定建立稳定的安全投入资金渠道，保证新增、改善和更新安全系统、设备、设施，消除事故隐患，改善安全生产条件。安全生产宣传、教育、培训、安全奖励，推广应用先进安全技术措施和管理方法，抢险救灾等均有可靠的资金来源；安全投入应能充分保证安全生产需要，安全投入资金要专款专用；煤矿企业应当编制年度安全技术措施计划，确定项目，落实资金、完成时间和责任人。

5. 领导带班下井制度。强化生产过程中煤矿管理者的领导责任，企业主要负责人和领导班子成员要轮流现场带班。矿领导带班要与工人同时下井、同时升井，对无企业负责人带班下井或该带班而未带班的，有关部门要对有关责任人按擅离职守进行处理，并同时给予规定上限的经济处罚；发生事故而没有领导现场带班的，有关部门要对企业给予规定上限的经济处罚，并依法从重追究企业主要负责人的责任。

6. 安全质量标准化管理制度。明确检查标准、检查周期、考核评级奖惩办法、组织检查的部门和人员。

7. 安全教育与培训制度。应保证煤矿企业职工掌握本职工作应具备的法律法规知识、安全知识、专业技术知识和操作技能；明确企业职工教育与培训的周期、内容、方式、标准和考核办法；明确相关部门安全教育与培训的职责和考核办法；明确年度安全生产教育与培训计划，确定任务，落实费用。

8. 事故隐患排查制度。应保证及时发现和消除矿井在通风、瓦斯、煤尘、火灾、顶板、机电、运输、放炮、水害和其他方面存在的隐患；明确事故隐患的识别、评估、报告、监控和治理标准；按照分级管理的原则，明确隐患治理的责任和义务。

9. 安全监督检查制度。应保证有专门的安全管理机构，配备足额的专职安全管理人员，有效地监督安全生产规章制度、规程、标准、规范等执行情况;重点检查矿井"一通三防"的装备、管理情况；明确安全检查的周期、内容、检查标准、检查方式、负责组织检查的部门和人员、对检查结果的处理办法。对查出的问题和隐患应按"四定"原则（定项目、定人员、定措施、定时间）落实处理，并将结果进行通报及存档备案。

10. 安全技术审批制度。要确定各类工程设计、作业规程、安全措施和方案等安全技术审批的内容、程序、标准、时限、审批级别；审批人员职别和资格，编制审核、审批人员的职责、权限和义务。安全技术审批应保证依据充分、正确，内容全面、具体，安全措施可靠，能够有效指导生产施工、作业和操作。

11. 矿用设备、器材使用管理制度。应保证在用设备、器材符合相关标准，保持完好状态；明确矿用设备、器材使用前的检测标准、程序、方法和检验单位、人员的资质；明确使用过程中的检验标准、周期、方法和校验单位、人员的资质；明确维修、更新和报废的标准、程序和方法。

12. 矿井主要灾害预防管理制度。要明确可能导致重大事故的"一通三防"、防治水、冲击地压、职业危害等主要危险，有针对性地分别制定专门制度，强化管理，加强监控，制定预防措施。

13. 煤矿事故应急救援制度。要制定事故应急救援预案，明确发生事故后的上报时限、上报部门、上报内容、应采取的应急救援措施等。

14. 安全奖罚制度。必须兼顾责任、权利、义务，规定明确，奖罚对应；明确奖罚的项目、标准和考核办法。

15. 入井检身与出入井人员清点制度。明确入井人员禁止带入井下的物品和检查方法；明确人员入井、升井登记、清点和统计、报告办法，保证准确掌握井下作业人数和人员名单，及时发现未能正常升井的人员并查明原因。

16. 安全操作规程管理制度。操作规程要涵盖从进入操作现场、操作准备到操作结束和离开操作现场全过程的各个操作环节。要分别制定各工种的岗位操作规程，明确各工种、岗位对操作人员的基本要求、操作程序和标准，明确违反操作程序和标准可能导致的危险和危害。

第二节　企业法人代表安全生产责任制度

企业法人代表是企业的安全生产第一责任人，应严格执行国家的法律法规和行业标准，采取一切措施，严防安全事故的发生。企业法人代表的安全生产责任制度如下：

1. 保证安全生产所需费用按时、足额到位，确保安全生产。

2. 制定企业事故处理预案，并贯彻执行。

3. 保证安全费用的及时提取，做到专款专用。

4. 及时向职代会汇报安全生产情况，听取和采纳从业人员对安全管理的建议，并接受广大职工的监督。

5. 审核安全措施计划及培训计划，并保证所需费用按时到位。

6. 足额按时发放工资，稳定职工队伍，确保安全生产。

第三节　矿长安全责任制度

在煤矿企业中，矿长的职责关系全矿职工的生命安危，为此，必须建立严格的矿长安全责任制度，以监督、促进担任这一职务者正确行使职权。煤矿矿长一般应执行如下责任制度：

1. 对安全生产负总责，并保证安全生产投入的有效实施。

2. 认真贯彻执行法律、法规中有关矿山安全生产的规定。

3. 制定本企业安全生产管理制度。

4. 定期向职工代表大会或职工大会报告安全生产工作。

5. 采取有效措施，改善职工劳动条件，保证安全生产所需要的材料、设备、仪器和劳动保护用品的及时供应。

6. 及时采取措施，处理矿井存在的事故隐患。

7. 及时、如实向劳动行政主管部门或管理矿山企业的主管部门报告矿山事故。

第四节　煤矿企业内部责任机制

企业内部责任制体制：

1. 企业安全生产管理机构

安全管理职能需要相应的机构和人员，而且一定要设置专门机构和专职工作人员。机构和人员一旦兼职必然使安全管理职能削弱，甚至名存实亡。现实的情况往往是，发生重大事故之后的单位管理机构健全，而未发生事故单位的管理机构就要薄弱得多。在这方面，一定要坚持预防为主的方针，消除因事故而设机构的不正常现象。

煤矿企业必须保证有独立的安全监察机构。按实际需要配备专职安全监察人员，其数量不得低于从业人员的5%，对矿井的安全状况、隐患处理等要与安全监察机构的奖金挂钩，加大对安全监察人员的考核，提高安全监察效果。

在正确设立管理机构的基础上，一定要坚持分级管理的原则。按现场作业人员—班组—区队（井）—矿的顺序，按职能分级进行安全管理，能由下级管的尽量由下级负责，让上级集中精力来抓更重要的工作，处理更重大的问题。加大各类事故的查处力度。对发生的人身和生产事故，按事故等级和管理权限，坚持"四不放过"的原则，严肃追究有关人员的责任。

2. 企业各级管理人员责任制：

（1）矿长。是煤矿安全生产第一责任人。矿长必须制定本矿的安全生产管理制度，落实安全生产责任，检查制度的执行情况，有目标、有措施、有考核、有总结，目标、制度落实到部门，落实到人头，不能形成一纸空文或说起来重要，干起来不要，忙起来乱套。

（2）分管安全负责人。是本矿安全生产责任制的具体执行者。

必须将安全生产制度具体化，目标明确化，条文措施化，考评常规化，总结日常化，有奖有惩。

（3）安全生产管理人员。是本矿安全生产责任制的实施者。安全生产工作结果的好坏和安全生产管理人员的现场管理有直接关系。在执行安全生产责任制时部分管理人员走过场，应付了事，现场监管走马观花、马虎凑合，大隐患处理不来，小隐患不愿处理。造成较安全的地方危险，有隐患的地方出大事故。

现场监管必须严格按规程措施办事，加大作业场所的检查力度，对违章人员加大处罚力度，增加违章人员的违章成本。现场监管人员的效益应与工人"三违"作业、安全未遂事故、安全事故等挂钩，实行安全目标风险考核制度。

第五节　煤矿的现代安全管理体系

煤矿现代安全管理体系包含安全实施机构人员的职责和安全标准化建设两个大的方面。

1. 现代安全管理机构

安全管理是企业负责人的责任与义务。煤矿企业应通过加强安全管理机构，配备安全管理人员，建立健全管理制度，确保安全生产。

为有效地实施安全管理，煤矿企业需要对各相关层次机构的作用、职责和权限进行界定，以便顺利完成安全管理任务。煤矿企业应建立安全管理委员会（简称安委会），安委会主任由企业的主要负责人担任。安委会是企业安全管理的决策机构。

按照法律法规的有关要求，煤矿企业应当设置安全生产管理机构，配备专职安全生产管理人员。在设立机构和明确职责时，应该充分了解：企业现行的组织机构及其职责的情况；危害辨识、风险评价和风险控制结果；安全管理方针和目标；法律法规及其他要求；煤矿操作规程；煤矿作业规程；有资格的人员名单等。

2. 现代安全管理机构人员构成

（1）煤矿企业需要资格人员

在煤矿生产中，需要获取资格的人员一般包括：矿长；瓦斯检查工；矿井通风工；信号工；爆破工；炸药库保管员；拥罐（把钩）工；矿井泵工；瓦斯抽放工；主要通风机操作工；绞车操作工；输送机操作工；尾矿工；电工；钳工；主要提升机操作工；金属焊接工；矿内专用机动车司机；安全检查工（员）等。

（2）需要明确职责的人员

煤矿企业中一般需要对以下人员的职责加以界定：企业主要负责人；安全管理负责人；采煤队长；掘进队长；通风与维修队长；机电与排水队长；运输队长；安全科长；其他各部门管理人员；采煤工；掘进工；支护工（回柱工）；安全检查员；测风员；爆破工；绞车司机；电工；维修工；其他员工；管理承包方安全管理事务的人员；安全管理培训工作的负责人；对安全有重要影响的设备负责人；具有特定安全管理资格的员工或其他安全管理专业人员；工会代表。

（3）企业主要负责人职责的确定

企业主要负责人对员工的安全与健康负最终责任，并在安全管理工作中起领导作用。

（4）部门和岗位作用及职责的确定

企业应依据国家法律法规和煤矿行业标准，对设计和生产计划、企业管理、生产技术、生产调度、消防、设备动力、质量管理、工程建设、供应和销售、财务、人事劳动教育、行政管理、工会等职能部门的安全管理作用和职责进行界定。同时，企业应对各岗位，尤其是重要作业和设备岗位人员的安全管理和职责，进行确定。

（5）机构与职责的考核和评估

为确保企业安全管理组织机构与职责落实到位，企业应制定各部门和各级人员的业绩目标，建立安全管理业绩考核程序，对照本年度的安全管理目标，对主要管理负责人、管理层其他成员的安全管理业绩进行考核。绩效考核的主要指标包括：主要负责人、职能部门为推行安全管理机制提供的资源是否充分；"三同时"项目的执行情况；安全管理目标及管理方案的实施及完成情况；员工安全管理培训情况；事故处理过程中落实"四不放过"情况；检查发现的问题整改落实情况。

3. 煤矿安全质量标准化

煤矿安全质量标准化的内涵应该是：矿井的采煤、掘进、机电、运输、通风、防治水等生产环节和相关岗位的安全质量工作，必须符合法律、法规、规章、规程等规定，达到和保持一定的标准，使煤矿始终处于安全生产的良好状态，从而能够适应保障矿工生命安全和煤炭工业可持续发展的需要。因此，煤矿安全质量标准化与煤矿安全保障有密切的关系。

煤矿安全质量标准化必须实行全员参与管理。煤矿安全质量标准化是一项系统工程，从广义上来讲，它不仅仅涉及煤矿安全生产的各个系统，同时，还应涉及煤矿地面生产管理和生活服务等各个系统，这项工作不只是某一个部门的事情，需要企业内部各个单位和部门的通力合作，需要企业各个层面，包括领导决策层、执行管理层和基层操作层的共同实施、执行、维护和监督。这项工作既要求各系统、各专业要相互协作、各尽其职、各负其责，又要求必须按照标准严格实施，并在实践中不断地得到改进，使安全质量标准化水平不断跨入新的台阶。因此，煤矿安全质量标准化工作必须要求煤矿企业全体员工共同参与，将安全质量标准化工作贯穿于企业发展的始终，并逐步延伸到企业的各个层面。

煤矿安全质量标准化必须与煤矿安全保障相辅相成。安全与质量之间、安全工作标准化与质量标准化之间存在着相辅相成、密不可分的内在联系。讲安全必须讲质量，抓质量标准化必须抓安全工作标准化，这在任何时候都不能偏废。

煤矿安全保障是企业的一个战略问题，既是一个系统工程，又是效益工程。只有实行标准化管理，使一切工作处于良性的运作状态，才能实现人、财、物的最佳组合，从而获得时间上的节约和经济上的效益。

第六节 矿工的安全生产权利

煤矿职工依法享有的安全生产权利有以下几个方面：

1. 安全生产管理权。依照职工大会、职工代表大会规定，煤矿工人有权参与企业有关安全生产规划、管理制度、管理方法、安全技术措施和规章的制定。对不符合党和国家安全生产方针和法律、法规规定的规章、制度有权提出修改意见。

2. 安全生产知情权。职工有权了解企业安全情况，作业场所安全状况；有权了解作业规程和安全技术措施制定执行情况；有权要求班前讲安全及安全生产注意事项；有权要求交接班交代作业地点安全情况；进入工作面之前，有权要求跟班干部或带班班长检查工作面，制定具体安全措施。

3. 安全生产监督权。职工有权对企业贯彻、执行党和国家安全生产方针情况，有关安全生产法规、安全生产管理制度执行情况，管理干部安全行为，作业现场安全情况，安全技术措施专项费用使用情况进行监督。

4. 参与事故隐患整改权。职工发现事故隐患，有权要求有关部门组织整改，并积极提出整改措施、建议和参与整改。

5. 不安全状况停止作业权。当作业现场发现重大事故隐患，可能危及工人生命安全并无法及时排除时，工人有权停止作业。

6. 接受安全教育和培训权。国家有关法律、法规明确规定，企业必须对在岗职工进行定期的安全培训，煤矿职工特别是新工人、换岗工人有权接受企业提供的上岗前的安全生产教育和培训。如果企业没有按规定对职工进行安全教育，企业将受到安全生产监督管理部门的处罚，煤矿职工有权向有关部门检举、控告。

7. 紧急避险权。煤矿工人在现场作业过程中，发现将要发生透水、瓦斯爆炸、煤与瓦斯突出、冒顶、片帮坠落、倒塌、危险物品泄露、燃烧、爆炸等紧急情况并无法避免时，应最大限度地保护自己的生命安全。

8. 抵制违章指挥权。煤矿工人有权拒绝违章指挥和强令冒险作业，企业不得因工人拒绝违章指挥、强令冒险作业而降低其工资、福利等待遇，不得解雇与其订立的劳动合同，不得对其进行打击报复。

9. 投诉上告权。在进行安全生产监督检查时，一旦遭到打击报复和迫害，工人有权向上级或政府有关部门、工会组织投诉和控告；工人有权对忽视安全、玩忽职守造成事故的责任者进行检举；工人有权对隐瞒事故的单位和责任者提出控告。

10. 反映举报权。工人有权向煤矿企业和煤炭管理部门、工会组织举报违反有关安全生产法律、法规、制度的行为；有权检举违章指挥、违章操作者；有权反映作业现场的安全生产管理情况和不安全因素。

11. 享受工伤保险和伤亡赔偿权。煤矿工人因生产安全事故受到损害时，除依法享有工伤社会保险外，依照有关民事法律还有获得赔偿的权利，有权向本单位提出赔偿要求。职工和企业均不得自行制定标准，不得非法提高或降低标准。

12. 劳动保护权。煤矿职工有获得符合国家标准或行业标准劳动防护用品的权利，有权向单位要求提供符合防治职业病要求的防护设施和个人使用的防护用品。针对不向职工提供符合规定要求的职业病防护设施和安全防护用品的企业，职工有权向有关部

27

门检举、控告。

第七节　矿工安全生产的义务

煤矿职工应当履行的安全生产责任和义务有以下几个方面：

1. 遵守安全生产规章制度和操作规程的义务。煤矿职工不仅要遵守安全生产有关法律法规，不得违章作业，还应当遵守用人单位的安全规章制度和操作规程，这是煤矿职工在安全生产方面的一项法定义务。煤矿职工必须增强法制观念，自觉遵章守纪，从维护国家利益、集体利益以及自身利益出发，把遵章守纪、按章操作落实到具体的工作中。

2. 服从管理的义务。用人单位的安全生产管理人员一般具有较多的安全生产知识和经验，煤矿职工服从管理，可以保持生产经营活动的良好秩序，从而有效地避免、减少生产安全事故的发生。因此煤矿职工应当服从管理，这也是安全生产方面的一项法定义务。当然，煤矿职工有权拒绝违章指挥，强令冒险作业的行为。

3. 正确佩戴和使用劳动防护用品的义务。劳动防护用品是保护煤矿职工在劳动过程中安全与健康的一种防护性装备，不同的劳动防护用品有其特定的佩戴和使用规则与方法，只有正确地佩戴和使用，才能真正起到防护作用。用人单位在为煤矿职工提供符合国家与行业标准的劳动防护用品后，煤矿职工有义务正确佩戴和使用劳动防护用品。

4. 发现事故隐患及时报告的义务。当煤矿职工发现事故隐患和不安全因素后，应及时向现场安全生产管理人员或者本单位负责人报告，接到报告的人员应当及时予以处理。一般来说，煤矿职工报告的越早，接受报告的人员处理的越早，事故隐患和其他职业危险因素可能造成的危害就越小。

5. 接受安全生产培训教育的义务。煤矿职工应当依法接受安全生产的培训和教育，掌握所从事岗位工作所需的安全生产知识。提高安全生产技能，增强事故的预防和应急处理能力。特殊工种作业人员和有关法律法规规定须持证上岗的作业人员，必须经过培训考核合格后，依法取得相应的资格证书或者合格证书后，方可上岗作业。

第八节　煤矿的安全文化

一、企业的安全文化

1. 企业安全文化的内涵

安全文化是企业文化整体的一个有机组成部分，是指企业职工的安全价值观和安全行为准则的总和。安全价值观是企业安全文化的核心，安全行为准则是人在企业安全文化活动中的具体表现。安全文化建设具有的内涵，既包容安全科学、安全教育、安全管理、安全法制等精神领域，同时也包含安全技术、安全工程等物质领域。因此，安全文化建设更具有系统性、全面性和可操作性。

2. 企业职工应具备的安全文化的理念

（1）预防为主的理念。安全文化是本质的、有效的事故预防机制，是安全管理科学的发展和提高，是对科学管理的补充与升华。只要每个人对工作多留点心，多一点认真负责的态度，在岗必尽职，尽职必尽责，无论身居何处，都有高度的责任感和强烈的使命感，企业和自身的安全就会有保障。

（2）安全第一的理念。安全文化的目的就是建立"安全至高无上"的观念，从每一个人做起，形成群体的观念，牢固树立"安全第一"的思想，做到不伤害自己，不伤害他人，不被他人所伤害。

（3）珍惜生命的理念。企业的安全文化就是要实现个人的价值和生产价值的统一。安全为了自己，重视安全生产首先对自己

29

有利，善待生命，才能为社会和个人创造更大的财富；安全为了家庭，重视安全生产会给我们带来一个幸福美满的家庭。

(4) 自觉遵守的理念。安全文化的实质就是使每个人的安全行为由不自觉渐变到自觉，由"强制执行"到"自觉遵守"，形成安全的价值观念、思维方式、职业行为规范、舆论、习惯和传统等。

(5) 安全是诚信的理念。一名职工通过入井安全培训教育，取得了工种岗位的任职资格，他就要信守承诺，自己不做违反安全规程的事，也有义务制止违章行为。

(6) 安全是群体的理念。一个企业的安全文化是个人和群体的价值观念、态度、认识、能力和行为方式的产物，对安全管理的承诺和信守，也是集体对安全的重要性的共识和对预防措施效能的确信。

(7) 安全就是守法的理念。安全作业规程，安全的各种规章制度，对一名企业职工来说是必须遵守的法规。

二、煤矿安全文化的建设

煤矿要实现安全生产，不仅仅要靠科技、装备和管理，重要的在于生产中最活跃的因素——"人"，在于人的安全价值观念和安全行为意识。企业安全文化建设是预防事故的"人因工程"，以提高企业全员的安全素质为最主要任务，因而具有保障安全生产的基础性意义。

煤矿安全文化建设通过创造一种良好的安全人文氛围和协调的人、机、环境关系，对人的观念、意识、态度、行为等形成从无形到有形的影响，从而对人的不安全行为产生控制作用，以达到减少人因事故的效果。企业安全文化建设是预防事故的一种"软"对策，具有长远的战略性意义。

加强安全培训，全面增强职工安全文化理念，提高安全文化素质是预防事故的关键。安全大检查、停产整顿、抓"三违"处罚等手段，在安全上虽然取得非常好的作用和效果，但并非上策，不能长久，一旦松懈，安全状况就会发生反弹。虽然遏制伤亡事故面临三大难题：安全管理机制、安全科技支持、全员安全文化素质，但全员安全文化素质是关键。从多年来煤矿发生的死亡事故来看，因个人违章造成的事故占大多数，严格地讲，都有人的因素。"安全第一、预防为主"是全体员工的事，没有安全文化素质高的职工，企业就不会有稳定的安全生产局面。

我国煤矿企业在长期的安全生产实践中，已形成了一套有效的安全生产的思维模式、行为规范、传统和习惯等，形成了自己的安全文化特色。

（1）煤矿安全文化的建设应结合煤矿现有的工作基础和企业的实际情况。如"安全第一、预防为主、综合治理、总体推进"和"安全、装备、管理、培训并重"的指导思想，始终开展安全宣传教育活动，针对行业特点和企业实际情况制定的安全生产管理制度和标准等，这些都是煤矿安全文化建设的基础。

（2）安全文化建设的关键在于企业的领导层，一个企业的安全文化程度的高低取决于企业决策层对安全文化的重视程度。煤矿安全文化的建设需要煤矿领导的积极倡导，需要全矿职工积极参与。安全文化不是自然形成的，需要积极的引导，普及与提高相结合。安全文化建设需要自上而下、循序渐进。"安全至高无上"的观念的形成、安全文化气氛的造就，都要通过每一个人去实现，这样才能最大限度地调动每一个人的积极性。

（3）安全文化建设的基础是煤矿全体职工。职工既是安全工作的主体，也是安全文化的创造者和承担者，实现煤矿安全意识的自我飞跃，需要广泛地发动群众，依靠群众，全员的积极参与。可以通过多种多样的安全文化活动，如安全报告会、事故分析会、安全交流会、安全表彰会等会议的形式，也可以用安全演讲、安全图片展览等寓教于乐的方式，让广大职工真正参与，形成职工

31

认同的企业安全价值观。充分调动职工的安全积极性、自豪感、责任感，使每一个职工感受到煤矿的安全离不开自身的努力，促使所有的员工都密切关注安全。积极开展安全教育和培训活动，普及安全知识，提高全员的安全素质。通过对职工进行安全思想教育，为职工生活和工作的环境创造一个浓厚的安全文化氛围，利用党、政、工、团的安全教育优势，充分利用各种宣传手段，如广播、电视、文艺、黑板报等，使职工牢固树立"安全第一"的思想意识。

(4) 建立安全文化的核心是完善煤矿安全管理体系。不安全行为和不安全状态是事故发生最重要的原因，但它们不过是管理失误的表面现象。在实际工作中，如果只抓住了作为表面现象的直接原因而不追究其背后潜在的深层原因，就永远不能从根本上杜绝事故的发生。因此，预防事故必须从加强管理入手，充分利用管理的控制机能控制各种不安全因素，保证生产活动的顺利进行。

(5) 矿工家属在安全文化建设中具有特殊的不可替代的作用。在煤矿生产中不安全的因素很多，而安全隐患中，因为家庭闹矛盾、家庭负担重、夫妻不和、家务拖累等占相当大的比例。家对每一个人来说既是一个生存空间，又是一个经济实体，它是用感情、爱情、亲情和友情支撑的。一个温馨的家庭不仅可以使人一生平安，而且能为事业的进步、工作的顺利提供精神力量。实践经验表明，煤矿职工家属在保证煤矿职工安全生产方面有着特殊作用。家属叮嘱煤矿职工要时刻注意安全，往往比单位领导的会议讲话更有效。"一人安全，全家幸福"，每个煤矿职工的安全对其家庭来说就是最大的利益，是头等重要的大事。

煤矿安全文化建设中，要高度重视矿工家属的作用。①让家属了解职工的工作环境和安全状况，理解、体谅矿工的艰苦，通过宣传、叮嘱、说服、拉家常等强化矿工的安全观念。②作为职工家属要努力搞好家庭团结，消除矛盾，让矿工精神愉快地走上工作岗位。③做好后勤工作，多承担些家务劳动，让矿工休息好，能够精力充沛的上岗工作。④积极组织矿工家属，参与煤矿的安全文化建设和后勤服务活动。关心企业、关注安全、关爱亲人，营造一个温馨的家庭生活氛围、一个浓郁的家庭安全文化氛围、一个良好的家庭安全亲情氛围和一个浓郁的安全生产氛围。

煤矿是一个社会技术开放系统，根据社会技术开放系统理论，要使煤矿安全、高效地生产，需要煤矿的技术系统和社会系统的联合优化，而不是使技术系统最优化，让社会系统适应它。煤矿的安全文化建设过程就是社会系统的优化过程，也是建立与煤矿的安全技术系统相适应的安全社会系统的过程。

煤矿企业安全文化的建设要持之以恒，逐步深化，它是一个长期的、渐进的过程。

第三章 煤矿工伤事故分析

第一节 我国煤矿安全生产状况及分析

我国是一个以煤为主要能源的国家，煤炭工业是国民经济的重要组成部分。煤矿安全生产状况的好坏，直接关系到人民的生命财产安全和国家的国际形象。我国煤炭资源分布范围广、开采量大、需求量大，在生产、经营、保护和管理方面存在许多特殊性，并且随着时代的发展和改革的深入，煤矿安全生产领域存在的问题日益凸现。煤矿安全生产事故多发，而导致这一状况的原因是多方面的。

综合分析当前事故集中发生的主要原因是，一些地方政府及

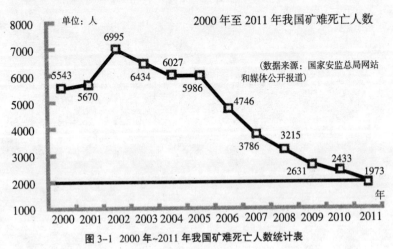

图 3-1　2000 年~2011 年我国矿难死亡人数统计表

其有关部门对煤矿安全生产工作重视不够，没有正确处理好安全与生产、安全与发展、安全与效益的关系，打击非法违法生产不力；一些煤矿企业安全生产主体责任落实不到位，隐患排查治理不深入、防范措施不落实、现场管理混乱等问题突出，一些重大隐患得不到及时治理；煤矿职工总体素质不够高，一些职工安全意识不强，违规违章操作时有发生，形成安全隐患。

煤矿作为高危行业之一，安全生产始终是生产领域中的头等大事，党中央、国务院对煤矿的安全生产工作历来十分重视。近年来煤矿安全形势总体趋于好转（见图3-1）。

从数据上看，我国矿难死亡人数正在逐年下降。中国煤矿2010年比2005年，事故死亡人数下降59%，重特大事故起数下降58.6%，煤炭生产百万吨死亡率下降73%。

2012年初，据国家安全生产监督管理总局通报：2011年，在煤炭产量持续增长的情况下，全国煤矿发生事故1201起、死亡1973人，同比减少202起、460人，分别下降14.4%和19.0%；较大事故同比减少25起、105人，分别下降21.7%和20.3%；重特大事故同比减少3起、182人，分别下降12.5%和34.2%；煤炭百万吨死亡率为0.564，同比下降24.7%，死亡人数首次降至2000人以内。

煤炭主产区晋陕蒙，2011年未发生特别重大事故。以我国的产煤大省山西省为例，2011年山西煤炭百万吨死亡率由2008年的0.423下降至0.085，相当于全国水平的15%，居国际先进、国内领先水平，连续2年未发生特别重大事故。

山西省煤矿安全状况大幅度好转，得益于近几年的一场安全生产攻坚战。始于2008年的山西煤矿大规模的资源整合兼并重组圆满收官：煤矿矿井由2598座压减到1053座，办矿主体由2200多家减少到130家，煤炭资源整合和煤矿兼并重组，是有效防止安全生产事故的治本之策。

经过3年多大规模的煤炭资源重组整合，山西已从根本上攻克了煤矿生产"多小散乱"的顽疾。以 4 个亿吨级、3 个 5000 万吨级煤炭集团为标杆，以大基地、大集团、大煤矿为主的新型煤炭工业格局已初步形成，产业结构、生产方式等发生了脱胎换骨的巨变，煤炭优势产能得到有效扩张，以机械化水平、资源回收率、安全生产水平等为标志的产业水平显著提升，煤炭产业已昂首跨入现代化大矿时期。

2012 年，山西省煤矿企业基本实现机械化开采、信息化管理，机械化程度达到 100%，并建设完善了矿、县、市、省四级联网、煤矿监测监控、紧急避险、人员定位、通信联络、压风自救、供水施救等"六大安全生产系统"。同时，全省出台了办矿企业、煤矿管理、煤矿建设、施工管理和现代化矿井等 5 个新标准，严格了全省煤矿建设以及管理行为，进一步从源头上夯实了安全生产的基础。

2012 年上半年，全国煤矿安全生产形势继续保持稳定好转，全国煤矿事故起数和死亡人数同比分别下降 28.2% 和 26.3%，煤矿百万吨死亡率同比下降 30.2%，没有发生特别重大事故。全国有 1046 处年产 9 万吨以上煤矿连续安全生产 1000 天以上，全行业安全生产整体水平明显提升。但煤矿事故仍然多发，事故总量仍然过大，较大以上事故时有发生，一些地方和煤炭企业还存在"打非治违"不彻底、煤矿整顿关闭不得力、安全管理和监督不到位等突出问题，煤矿安全生产形势依然严峻。

第二节　我国煤矿安全生产的隐患和行为

2005 年 9 月 3 日颁布的《国务院关于预防煤矿生产安全事故的特别规定》中列举了危及煤矿安全生产的 15 种隐患和行为。它们是：

1. 超能力、超强度或超定员组织生产的。

2. 未按规定检测瓦斯及瓦斯超限作业的。

3. 煤与瓦斯突出矿井未按照规定实施防突措施的。

4. 高瓦斯矿井未建立瓦斯抽放系统和监控系统，或者监控系统不能正常运行的。

5. 通风系统不完善、不可靠的。

6. 有严重水患未采取措施的。

7. 超层越界开采的。

8. 有冲击地压危险未采取有效措施的。

9. 自燃发火严重未采取有效措施的。

10. 使用明令禁止使用或者淘汰的设备、工艺的。

11. 年产 6 万吨以上的煤矿没有双回路供电系统。

12. 新建煤矿边建设边生产，煤矿改扩建期间在改扩建的区域生产；或者在其他区域的生产超出安全设计规定范围和规模的。

13. 煤矿实行整体承包生产经营后，未重新取得安全生产许可证和煤炭生产许可证从事生产的；或者承包方再次转包的，以及煤矿将井下采掘工作面和井巷维修作业进行劳务承包的。

14. 煤矿改制期间未明确安全生产责任人和安全管理机构的；或者在完成改制后未重新取得或者变更采矿许可证、安全生产许可证、煤炭生产许可证和营业执照的。

15. 有其他重大安全生产隐患的。

存在以上隐患和行为的，<u>应当立即停止生产</u>，排除隐患。

【案例 1】2007 年 5 月 5 日，山西省某矿由于越界开采，发生重大瓦斯爆炸事故，造成 28 人死亡，23 人受伤，直接经济损失 1183.44 万元。该矿长期违法违规组织生产，井下超员，管理混乱。

【案例 2】1996 年 9 月 11 日，广西某市 4 个小煤井透水淹井，造成 41 人死亡，直接经济损失 110 多万元。原因是一个矿打通其上方采空积水区，导致 4 个越界非法开采相通的矿全部被淹。

【案例 3】2009 年 6 月 13 日，湖南省某矿透水（突泥）事故，造成 5 人死亡、3 人失踪。该矿属高瓦斯矿井，水文地质条件简单，主要水源为老窑水。其安全生产许可证已过期；采矿许可证划定的开采深度为-20 米标高，但实际开采标高已达-120 米，发生事故的石门上山东煤平巷在超层越界区。

【案例 4】2009 年 11 月 12 日，黑龙江省某矿发生透水事故，当班入井 36 人，其中 29 人安全升井，其余 7 人被困井下。初步分析，这起事故主要是因为该矿借整改之名超层越界、非法开采，导致透水事故。

【案例 5】1997 年 4 月 14 日，辽宁省某矿在处理-480 米水平507 采区 5 道斜管子道高顶浮煤自燃发火，从 9：30 开始灭火到10：50 发生第一次瓦斯爆炸，整个采区人员没有撤出，至 19：07连续发生 4 次瓦斯爆炸，造成 83 人死亡。

第三节　煤矿工伤事故的成因分析

一、发生煤矿事故的基本原因：

事故的基本原因包括法制原因、价值观原因、安全文化原因和教育原因 4 个方面。

1. 法制原因：对导致安全事故的行为是否有完善有力的法律规范，对违反安全法规的人是否能全面、及时、有效地查处，直接影响着生产经营单位的管理行为。如果法律规范的惩戒力度不到位，执法不严、违法不究，那么对只追求利润不顾安全的企业主心理和行为就难以形成威慑力和约束力。

2. 价值观原因：价值观对人的影响有时会超过法制的力量，在以物为本、金钱至上的价值观指导下，人的行为与选择就不一定因法律的威严而转移，也难以让经营者在事故危险面前却步。不法矿主"要钱不要人命"的做法虽是一种在人性上本末倒置的心理和行为，但它确实是在当今社会一部分人中存在的一些不良价值观下形成的必然反映。在有多种价值可以选择的情况下，人们把生命和健康安全放在什么地位，取决于社会提倡的是什么主流价值观。

3. 安全文化原因：安全文化对人的心理和行为产生着一种虽无形但却很重要的影响。安全文化存在于人的社会活动之中，存在于正式演说和日常话语之中。文化的力量十分强大，在很多情况下甚至超过法律的力量。坚持"以人为本"，突出生命价值是安全文化的核心。

4. 教育原因：我国煤矿从业人员中普遍存在着文化程度较低的问题，有些人学历水平虽高，但其人文素质低。因此，在安全教育和培训方面需要重视文化水平，特别是人文素质的培养，这可以有效降低事故的发生。

二、发生煤矿工伤事故的间接原因：

1. 对物管理的缺陷。如对于产品的技术、设计、结构上的缺陷，作业现场、作业环境的危险、危害因素治理的缺陷，防护用品缺少的缺陷等。

2. 对人管理的缺陷。如收入分配制度，教育、培训和人员的选拔任用等方面的缺陷或不当。

3. 技术管理方面的问题。如对作业规程、工艺过程、操作规程和方法等方面的管理问题。

4. 安全监察、检查和事故防范措施等方面的问题。

三、发生煤矿工伤事故的直接原因：

导致发生煤矿事故的直接原因有两个，即人的不安全行为和物的不安全状态。据统计结果表明，人的不安全行为是引起事故的主要原因，占事故总数的70%~90%。具体地说，发生煤矿事故的直接原因包括以下4点：

1. 可能导致伤害的能量。如瓦斯积聚、有冒落危险的顶板或煤岩壁、透水、明火、电缆漏电或裸露的带电体、与人员无隔离动车

表3-1　2005年~2011年山西省煤矿伤亡事故统计与分析总表

年度	项目	合计 起数	合计 人数	顶板 起数	顶板 人数	瓦斯 起数	瓦斯 人数	机电 起数	机电 人数	运输 起数	运输 人数	放炮 起数	放炮 人数	水害 起数	水害 人数	火灾 起数	火灾 人数	其他 起数	其他 人数
										死亡人数分类情况									
2005年	全省合计	165	490	76	116	23	267	8	8	40	51	4	8	6	24	1	6	7	10
	(1)国有重点矿	26	41	11	24					12	12							3	5
	(2)国有地方矿	42	68	21	28	5	21	1	1	9	12								
	(3)乡镇集体矿	97	381	44	64	18	246	7	7	19	27	4	8	6	24	1	6	4	5
2006年	全省合计	153	491	66	87	15	134	6	7	24	24	2	2	12	134	1	1	18	93
	(1)国有重点矿	29	107	9	15	2		5	5	5	5			4	4	1	1	5	5
	(2)国有地方矿	43	93	21	22	12	70	5	5	6	6	2	2	7	45			4	12
	(3)乡镇集体矿	81	291	36	50	12	63	4	4	13	13	3	3	5	85			9	76
2007年	全省合计	148	458	61	83	14	240	12	12	37	49	3	3	5	23	2	25	14	23
	(1)国有重点矿	27	38	10	16	1	4	4	4	10	12	2	2					2	2
	(2)国有地方矿	33	63	9	9	1	5	3	3	13	16	1	1	1	2	1	21	3	5
	(3)乡镇集体矿	88	357	42	58	12	231	5	5	14	21			4	21	1	4	9	16
2008年	全省合计	120	303	46	73	9	69	15	16	29	38	4	4	8	37	2	25	7	41
	(1)国有重点矿	32	47	6	8	2	25	6	6	14	21	2	4	2	8				4
	(2)国有地方矿	25	64	10	14	2	25	6	6	6	8				10				
	(3)乡镇集体矿	63	192	30	51	7	44	4	4	9	9	3	3	5	19	2	25	3	37
2009年	全省合计	72	206	25	35	6	112	14	14	10	11	2	12					3	37
	(1)国有重点矿	32	127	7	9	3	83	6	6	6	7	2	12					15	22
	(2)国有地方矿	19	39	7	12	2	17	5	5	3	3							8	10
	(3)乡镇集体矿	40	40	11	14	1	12	3	3	3	1							2	2
2010年	全省合计	64	144	18	26	5	17	8	8	12	15	1	1	6	55	1	1	5	21
	(1)国有重点矿	41	92	7	9	3	14	6	6	7	11	1	1	4	46	1	1	13	15
	(2)国有地方矿	16	37	7	13	3		2	2	3	4			1	4			11	
	(3)乡镇集体矿	7	15	4	4									1	5			2	6
2011年	全省合计	54	74	17	19	4	8	4	4	15	16	3	4	2	12	1	1	8	10
	(1)国有重点矿	28	43	11	12	1	3	4	4	7	7	1	3	1	11	1	1	6	8
	(2)国有地方矿	26	31	6	7	3	5	4	4	8	9	2	3	1	1			2	2

辆及其装载物、暴露的设备运转部件以及爆破崩出的煤或石等。

2. 可能直接导致身体创伤的物体或场所。如不稳固（易倾倒、掉落、弹出）的支架、工具、设备部件、材料，不平、积水或湿滑的地面状况，有坠落危险的工作地点、乘坐物或蹬踏物，工作场所尖锐锋利的突出物等。

3. 矿井生产和建设中有危害的环境因素和物资。如危险的大气环境（如瓦斯、煤尘、烟尘、烟雾、一氧化碳、硫化氢等有毒有害气体），照明与通风（新鲜空气供应）不良，工作空间狭窄、杂乱，噪声、震动、放射性、电磁性、腐蚀性和生物性危害等。

4. 易导致心理性伤害的因素。如心理压力过大或过度应激，精神刺激性环境或事件，心理、生理异常状态下作业等。

表 3-1 统计了山西省 2005 年至 2011 年煤矿事故及造成的死亡情况，包括顶板、瓦斯、机电、运输、放炮、水害、火灾和其他共 8 类事故的起数和死亡人数，可以看出：

（1）2005 年至 2011 年，山西煤矿伤亡事故起数和死亡人数呈逐年减少态势；

（2）国有重点煤矿安全状况明显好于国有地方煤矿和乡镇集体煤矿；

（3）7 年合计，事故起数所占比例的排列顺序是顶板、运输、其他、机电、瓦斯、水害、放炮、火灾，死亡人数所占比例的排列顺序是瓦斯、顶板、水害、其他、运输、机电、火灾、放炮（表见 3-2）。

表 3-2　2005 年~2010 年山西省各类事故起数和死亡人数所占比例表

年度	事故起数比例（%）								死亡人数比例（%）							
	顶板	瓦斯	机电	运输	放炮	水害	火灾	其他	顶板	瓦斯	机电	运输	放炮	水害	火灾	其他
合计	40.0	9.8	9.9	21.5	2.5	5.0	0.9	10.6	20.3	39.1	3.7	9.4	1.6	13.2	2.7	10.2

第四节 工伤事故中的人为因素分析

导致工伤事故很大程度上是人的因素，是因为人的不安全行为。人的不安全行为可分为非故意性不安全行为和故意性不安全行为。

1. 非故意性不安全行为

非故意性不安全行为又叫意外差错或无意性失误，是指人们对自己行为的不安全性或危险性没有清醒的认识而进行的操作或指挥。

产生非故意不安全行为的原因有：

(1) 操作者安全知识不足、安全技术培训不够和本人不善学习或缺乏经验。有的操作者在工作中盲目蛮干，导致产生不安全行为，但他们并非故意违章，而是往往对自己不安全行为的危险性没有明确的意识。

(2) 情绪低落、过度疲劳，身体状况欠佳、他人的干扰以及一些心理疾患等引起注意力分散，造成感觉、知觉和动作反应迟钝，导致操作差错或动作失误。

(3) 当发生意外事件、生命攸关之际，部分人会由于过度紧张，产生惊慌现象，导致失误，从而使处境更加危险，并可能导致伤亡事故。

(4) 煤矿职工工作条件艰苦，劳动强度大，而从事井下生产作业的煤矿职工有的还兼顾农业生产，经常因为过度疲劳而导致失误。

(5) 煤矿井下空间狭窄、战线长，照明又常常不足，人们的工作配合主要靠非语言声光信号。许多情况下，操作人员往往看不到机器设备的运行情况，由于信号感知和判断失误而导致行为失误，从而引起事故。

(6) 睡眠不足导致煤矿职工的生理和心理功能明显下降或紊乱，从而导致工作失误和事故的发生。

2. 故意性不安全行为

故意性不安全行为又叫冒险行为，是指人们知道自己的行为是违反了安全规定，但出于某种动机，有意识地进行可能带来危险或不安全的操作或指挥。煤矿井下的"三违"现象就是典型的不安全行为。

产生故意性不安全行为的原因有：

(1) 以重生产、轻安全为主因的管理缺陷。目前，在分析风险时往往面临两种互相矛盾的局面，有些煤矿职工如果不冒险作业就可能完不成生产任务，赚不到钱还可能倒扣工资甚至被解雇，为了养家糊口便接受很大的风险去冒险作业。

(2) 侥幸心理。人们虽然曾经看到或听说过很多伤亡事故，但在实际的生产作业中并不是每一次违章冒险都出现事故，有时很多次违章也没出事故，这使人产生"这次违章冒险作业也不会出事"的投机侥幸心理。

【案例1】1994 年 11 月 24 日，某矿一防尘工去井下处理矿防尘水，途经带式输送机，因联采一区挑顶的矸石堆积在人行道侧，人员不好通过，该防尘工心存侥幸，爬上输送带行走，输送带突然运行，将其拉倒，被挤在棚梁下，身体多处受伤致死。

(3) 对安全采取满不在乎的态度，想怎么干就怎么干，自以为是。

(4) 情绪不稳定，漫不经心，逞能好胜，甚至以冒险炫耀自己的勇气。

(5)遇到危险情况，不能三思而行，回避风险，而是拿生命当儿戏，冒险蛮干。

(6) 为了早点完成任务，早下班，赶时间，抢时间，产生故意性不安全行为。

(7) 工作面有些操作工序起作用时间很短，如临时支护，有些职工工作时为了图省力、图省事而简化作业，故意违反操作规程。

（8）由于煤矿生产条件较恶劣，各种事故时常发生，不少职工对于事故发生的规律和原因不了解，再加上煤矿不少事故从表面上看来具有突发性和偶然性，使违章冒险行为更加严重、更加难以纠正。

（9）思想麻痹、轻视松懈是引起事故的重要因素。任何一种冒险行为都是有风险的，如果确认风险太大甚至有致命危险，谁也不会去冒这个险，往往是对风险评价过低，才会产生冒险动机和实施冒险行为。

【案例2】1995 年 1 月 8 日，某矿采煤工作面安装带式输送机。试运转时，机尾工人发现正在运转的底输送带与机尾滚筒间有一块矸石，图省事未停机，便将右手伸入机尾滚筒，准备把矸石扒掉时，右手被卷入滚筒，造成该工人右手骨折。

（10）屈从心理。由于目前我国煤矿职工处在社会、经济等方面的弱势地位，屈从心里比较普遍。有些煤矿职工认为违抗有权势的人的指令会受到报复，因而选择妥协让步，放弃遵守安全规程，违心地做出违章冒险行为。

（11）从众心理。很多人看到别人或大多数人都这么做，也没有出什么事，自己不这么做还会产生一种心理压力，也就选择"随大流"，跟着违章作业了。

【案例3】1989 年 1 月 25 日，某矿掘进队 5 名工人入井时，在西大巷 4102 材料道口，纷纷扒上一台 2.5 吨蓄电池机车，并擅自向工作面方向开车，机车行驶到西 2 上山石门口时，发现前方有灯光，误认为是检查员，便先后都跳下车，扒在车前面的 1 名工人跳入道心，被运行的机车碰倒轧死。

（12）逆反心理。有些领导干部或生产指挥者是真心想把安全搞好，或者真心为了职工安全，但是采取的方法简单粗暴，有些做法甚至让职工的人格尊严受到伤害。在这种情况下，人们就会产生逆反心理，特别是青年职工更容易如此。其表现形式很多是表面上听从，暗地里违抗，进行违章作业。

第五节　煤矿的危险管理

系统安全理论认为，系统中存在的危险源是事故发生的根本原因。危险管理是通过辨识系统中的危险源、评估危险和分析危险，并在此基础上有效地控制危险，用最经济、最合理的办法来处置危险，以实现最大安全保障的活动。

危险源辨识、危险评价和危险控制构成危险管理的基本内容。危险源辨识是危险评价和控制的基础，它们相互关联和渗透。

1. 煤矿的危险源辨识

危险源是可能造成人员伤害、患病，财产损失、环境破坏或其组合之根源或状态。按其在事故发生发展过程中的作用，危险源可划分为两类。

第一类危险源。根据事故的能量意外释放理论，能量或危险物质的意外释放是伤亡事故发生的物理本质。因此，把生产过程中存在的，可能发生意外释放的能量或危险物质称作第一类危险源。正常情况下，生产过程中能量或危险物质受到约束或限制，不会发生意外释放，即不会发生事故。但是，一旦这些约束或限制能量或危险物质的措施受到破坏或失效（故障），则将发生事故。

矿井瓦斯、工作面片帮冒顶、矿井粉尘、矿井水患、矿井火灾、井下爆破、矿井运输提升、矿井电气、矿井机械伤害等均对矿井的安全生产工作有威胁。为了切实抓好矿井安全生产工作，需要根据所在矿井的实际情况，组织相关工程技术人员对安全隐患进行分析比较，从中找出矿井重大危险源，并进行重点检测、监控，同时制定出相应的应急措施，确保矿井的安全生产工作顺利进行。

第二类危险源。导致约束、限制能量或危险物质按照人的意图流动、转换和做功的措施失效或破坏的各种不安全因素称作第二类危险源。第二类危险源主要包括物的故障、人的失误和环境因素。

在我国的安全管理实践中，往往用"事故隐患"来描述物的不安全状态，用"三违（违章操作、违章指挥、违反劳动纪律)"来描述人的不安全行为。根据现代安全管理的理念，需要把对"事故隐患"和"三违"的表面、局部的认识上升到对"危险源"的本质、整体的认识，从而实现对事故发生机理认识的重要飞跃。

第二类危险源往往是一些围绕第一类危险源随机发生的现象，它们出现的情况决定事故发生的可能性。第二类危险源出现得越频繁，发生事故的可能性越大。在事故发生发展过程中，第一类危险源在事故发生时释放出的能量是导致人员伤害或财物损坏的能量主体，决定事故后果的严重程度；第二类危险源的出现决定事故发生可能性的大小。

两类危险源相互关联相互依存，第一类危险源的存在是第二类危险源出现的前提；第二类危险源的出现是第一类危险源导致事故的必要条件。

2. 危险评价

危险评价也称为安全评价或风险评价，是对系统存在的危险性进行定性和定量分析，得出系统发生危险的可能性及其后果严重程度的评价，通过评价寻求最低事故率、最少的损失和最优的安全投资效益。常用危险事件的发生频率和后果严重度来表示危险性大小。按评价结果类型可将危险评价方法分为定性评价、定量评价和综合评价。

（1）定性评价。定性评价是指根据人的经验和判断能力对生产工艺、设备、环境、人员、管理等方面的状况进行定性的评价。安全检查表是一种常用的定性评价方法。定性评价方法的主要优点是简单、直观，容易掌握，并且可以清楚地表达出设备、设施或系统的当前状态。

（2）定量评价。定量评价是用设备、设施或系统的事故发生概率和事故严重程度进行评价的方法，用一种或几种可直接或间接反映物质和系统危险性的指数（指标）来评价系统的危险性大小。定量评价是在定性评价的基础上进行的。

（3）综合评价。综合评价是在定性和定量评价方法的基础上，综合考虑影响系统安全的所有因素，从系统的整体出发，对系统的人员、设备、环境、管理等进行的综合危险评价。

3. 危险控制

根据危险辨识、危险评价的结果，结合煤矿企业的实际情况，确定哪些风险是不可接受的，哪些风险需要优先监控和防治，制定出相应的措施降低其危险性。

矿井重大危险源是煤矿安全生产管理的重点，应严格按防治措施的要求进行管理和监控。

依据危险性的大小，危险的分布一般呈三角形，即危险性越高，其数量越少。危险水平示意如图 3-2 所示：

根据危险程度，危险的控制原则见下表：

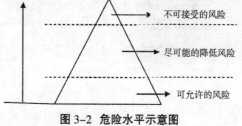

图 3-2　危险水平示意图

表 3-3　危险的控制原则

危险程度	措　　施
可忽略的	无须采取措施且不必保持记录
可容许的	不需另外的控制措施，需要监测来确保控制措施得以维持
中度的	努力降低危险，但要符合成本——有效性原则
重大的	紧急行动降低危险
不可接受的	只有当危险降低时，才能开始或继续工作，为降低危险不限成本。若即使以无限成本投入也不能降低危险，禁止工作

第四章　矿工下井安全须知

第一节　矿工下井的安全要求

矿工下井前需作好以下准备工作：

1. 煤矿企业必须对职工进行安全培训。未经安全培训的，不允许上岗作业。矿务局（公司）局长（经理）、矿长必须具备安全专业知识，具有领导安全生产和处理煤矿事故的能力，并经依法培训合格，取得安全任职资格证书。特种作业人员必须按国家有关规定培训合格，取得操作资格证书。

2. 新入矿的井下作业职工（包括合同工、农协工、轮换工等），必须接受安全教育和培训。培训时间不得少于 72 小时。考试合格后，必须在有经验的职工带领下，工作满 4 个月，经再次考核合格后，才可独立工作。

在培训期间，学习的内容主要有安全法规、煤矿"三大规程"、煤矿安全技术知识及矿纪矿规等规章制度。了解矿井概况以及发生事故时的避灾路线，熟悉矿井安全生产的客观规律，提高抗灾能力及增强自我保护意识。

3. 新入井的工人，要虚心请教老工人。因为老工人是煤矿安全生产的主力和骨干，他们有着丰富的安全生产经验和操作技术，是青年工人值得尊敬和学习的好老师。同时，还必须虚心接受安检人员的检查和意见，并遵照他们提出的有关安全生产方面的意见去改进工作，以确保安全。

4. 职工在入井前，一定要睡足、吃饱和休息好。要精神饱满、神志清醒，保持体能强健和精力充沛。入井前绝对不允许喝酒，否则由于神志不清、精力不集中，在井下行走、乘车和工作时，就容易发生危险。严禁携带引火物品入井，如香烟、火柴、打火机等，因为在井下吸烟、点火等能引起矿井火灾和瓦斯、煤尘爆炸。

5. 入井前要穿好工作服（严禁穿化纤衣服，以免产生静电）、胶靴，围好毛巾，按规定佩戴口罩、手套等防护用品。工作服和鞋袜要穿着整齐利索，尤其是袖口一定要扎好，以免被转动着的机器缠绕而发生意外事故。如果工作地点有淋水或使用湿式钻眼和洒水防尘，必要时还应穿好雨衣，防止淋湿着凉、患病。每个入井人员必须戴安全帽和矿灯，并且随身携带好自救器。

6. 根据自己所从事的工种携带特需防护用品。其中要注意：①纱布口罩不能用做防尘口罩；②帆布、纱布、绒布、皮、橡胶、塑料、乳胶等材质制成的劳动防护手套，系根据在劳动环境中防割、烧、烫、冻、电击、静电、腐蚀、浸水等伤害的实际需要配备的手套；③防毒护具使用的滤毒罐，应当根据毒物的种类正确选择，每次使用前应仔细检查是否有效，并按照国家标准规定定期更换；④对眼部可能受到铁屑等杂物飞溅伤害的工种，必须佩戴防冲击眼镜；⑤绝缘手套和绝缘鞋使用前要做绝缘性能的检查，并且每半年作一次绝缘性能复测，定期更换；⑥根据作业场所噪声的强度和频率，配备耳塞、耳罩和防护头盔类护听器。

【案例1】1991年1月26日0:45，某矿电机车司机王某正值新婚蜜月期，白天休息不好，上夜班开电机车打盹，将在大巷中检修道岔的1名工人轧碾在车头底下致死。

【案例2】1995年6月10日19:25，某矿工人刘荣中午饮酒过量，坐在矿车里未醒，在矿车装煤时被煤仓放出的煤掩埋致死。

【案例3】2001年8月26日13:30，某矿井下1名工人违章吸烟，引爆瓦斯，造成3人死亡，6人受伤。

第二节　矿工入井前的准备工作

矿工入井前需掌握的安全知识包括以下几个方面：

1. 要开好班前会，班前会主要布置当班的生产工作任务、作业现场存在的安全隐患和本班应注意的安全事项。

每一名入井作业人员都必须按时参加班前会。在进行安全教育时认真听取区（队）领导和工程技术人员布置的任务以及各项安全措施和作业规程及操作规程。了解工作地点的安全生产情况，明确安全注意事项，保证作业安全。讨论安全问题时要大胆发言，献计献策；领导批评时不要灰心丧气、怨天尤人，不能带着不良情绪入井。

2. 要认真想一想，自己所要注意的安全事项、预防方法及采取的措施。

3. 还应认真检查一遍，劳保用品是否带齐，工作中该使用的大、小工具是否带全，不要遗忘在井上，以免影响工作。锋利的工具，应套上防护套或装入工具箱内，以防伤人或伤己。

4. 自觉遵守《入井检身制度》，听从指挥，排队入井，接受检身及人数清点。

《煤矿安全规程》中规定，煤矿企业必须建立入井检身制度和出入井人员清点制度。实行这两个制度的目的是对下井人员应该做到的基本要求，进行督促检查；准确掌握出入井人员情况。如果在入井检身时发现误带了烟、火，可以在下井前取出，存于井上；出入井清点人员可以准确地掌握井下现有人数，当井下发生意外事故时，能及时掌握井下人员的情况，便于实施救援。

第三节　井下安全设施及安全标志

我国安全色标准规定红、蓝、黄、绿四种。红色表示禁止、停止；蓝色表示指令及必须遵守的规定；黄色表示警告、注意；绿色表示安全、提示。安全标志是由安全色、几何图形和图形符号三部分构成的，用以表达特定安全信息的标记。安全标志是一种国际通用的信息且通俗易懂，适用于不同国籍、不同民族和不同文化程度的人。

安全标志本身并不能消除任何危险，但它能提醒人们注意不安全因素，防止事故的发生，起到保障安全的作用。

对于煤矿井下，有更系统的安全设施和更高的安全要求。

1. 井下信号
2. 安全出口、路标和避灾路线
3. 矿山安全标志

（安全标志图见附录）

第四节　安全帽的使用常识

安全帽的防护作用主要表现在：当作业人员受到坠落物、硬质物体的冲击或挤压时，减少冲击力，以消除或减轻其对人体头部的伤害。从理论上讲就是：在冲击过程中，安全帽的各个部件（帽壳、帽衬、插口、拴绳、缓冲垫等）首先将冲击力分解，然后通过各个部分的弹性变形、塑性变形合理地将大部分冲击力吸收，使最终作用在人体头部的冲击力小于 4900 牛顿，从而起到保护作用。因此安全帽就是头部防护的重要用品。

井下由于环境狭窄，顶板低，光线阴暗，矿工头部容易受到上部物体的撞击，另外井下顶板也有可能有碎石块或煤块掉落，所以对井下工作人员来讲，佩戴安全帽是必须的。

使用安全帽时，首先要了解安全帽的防护性能、结构特点，并掌握正确的使用和保养方法；否则，就会使安全帽在受到冲击时起不到防护作用。据有关部门统计，坠落物伤人事故中15%是因为安全帽使用不当造成的。因此，戴上安全帽并不代表就有了安全伞，就可以避免头部不受伤害。因此，在使用过程中一定要注意以下问题：

1. 在使用安全帽之前，一定要检查它是否有裂纹、碰伤痕迹、凹凸不平、磨损（包括对帽衬的检查），安全帽上如存在影响其性能的明显缺陷就应及时更换，以免影响防护作用。

2. 不要随意调节帽衬的尺寸。安全帽的内部尺寸如垂直间距、佩戴高度、水平间距，标准中是有严格规定的，这些尺寸直接影响安全帽的防护性能，使用者一定不能随意调节；否则，落物冲击一旦发生，安全帽会因佩戴不牢脱出或因受冲击触顶失去防护作用，导致佩戴者受到伤害。

3. 使用时一定要将安全帽戴正、戴牢，不能晃动，要系紧下颊带，调节好后箍紧以防安全帽脱落。

4. 不能私自在安全帽上打孔，不要随意碰撞安全帽，更不能将安全帽当板凳坐，以免影响其强度。

5. 受过一次高强度冲击或做过试验的安全帽不能继续使用，应及时替换。

6. 安全帽不能放置在有酸、碱，高温、日晒、潮湿或化学试剂的场所，以免其老化或变质。

7. 应注意安全帽的有效期，塑料安全帽的有效期为2年半，植物枝条编织的安全帽有效期为2年，玻璃钢和胶质安全帽的有效期为3年半。超过有效期的安全帽应及时替换。

第五节 矿灯的使用常识

井下的巷道、硐室都有专用的照明灯，此外，每一名下井人员都必须领取并随身携带矿灯。

1. 矿灯的作用：

（1）照明。矿灯是矿工的眼睛，不带矿灯下井，井下人员与盲人一样，将寸步难行。照明是矿灯的主要功能。

（2）监测、报警。新型矿灯兼有瓦斯监测、超限报警功能，还有的与自救器相结合，具有自救功能。

（3）信号。矿灯可作为辅助信号，不同的晃动方式调度指挥列车前进或者后退、停止。

（4）应急救援。当发生矿井灾害事故时，避灾人员可以使用矿灯进行应急救援的呼救。

（5）清点人数。矿井灾害事故发生后，矿灯房的矿灯数量可作为清点上下井人数和查找未上井人员情况的依据之一。

2. 矿灯的类型：按携带方式来分有手提灯和头灯（或称帽灯）两种。头灯对井下工作的矿工来说携带最为方便。

3. 矿灯的完好检查：

（1）电池盒体上是否有煤矿矿用产品安全标志"MA"字样和统一编号。

（2）电池盒体有无破裂或透气盖处有无漏液现象。

（3）灯线有无破损，灯线与电池和灯头连接是否牢固，灯线两端出、入口处密封是否良好，灯线长度应在1米以上。

（4）灯头圈是否松动，灯头壳体有无破损，灯面玻璃有无破裂。

（5）灯头上的开关是否完好可靠。

（6）灯锁是否锁好，有无松动。

（7）灯光是否明亮。

4. 矿灯的正确使用方法：

（1）经检查确无问题后，入井前要把矿灯佩戴好，不要提在手里，灯盒用腰带串好扎在腰间，灯头帽钩插在安全帽上。

（2）入井人员要爱护矿灯，严禁在井下随意拆卸、敲打、撞击矿灯，以免产生电火花引起瓦斯或煤尘爆炸事故。

（3）不得手提灯线甩动灯头，以免损坏灯线。

（4）矿灯必须装有可靠的短路保护装置，高瓦斯矿井应装有短路保护器。

（5）禁止用矿灯的电池代替放炮器放炮。

（6）出井后必须立即将矿灯交回灯房，以便及时充电。如因工作需要连班时，必须换灯。

（7）使用中如果发生故障，交灯时应主动向灯房人员说明。

（8）使用固定矿灯的人员，不得随意和他人互换矿灯。

（9）交回的矿灯应保持完好，无损伤。

【案例】1996 年 10 月 19 日，陕西省某矿桃花洞采区，由于 3-31 号矿灯密封不严，灯头内打火，引起瓦斯爆炸，造成死亡 50 人，重伤 3 人，轻伤 13 人的特大事故。

第六节　自救器的使用常识

1. 自救器的作用

自救器是一种小型方便的、矿工随身携带的防毒呼吸器具，这种器具是矿工在井下遇到灾害事故需要自救时，具有十分重要的作用。矿工在井下遇到瓦斯或煤尘爆炸、火灾和瓦斯突出等自然灾害时，只要没有受到事故的直接伤害，戴上自救器，就可以转危为安。如遇冒顶、水灾、爆炸等事故，矿工被堵在独头巷道内时，只要没有被埋住，也仍然可以佩戴自救器（隔离式）静坐待救，防止因瓦斯不断渗出，氧气含量降低而窒息。《煤矿安全规程》第9条规定："每一个下井人员必须随身携带自救器。"

煤矿井下发生火灾、瓦斯爆炸和煤尘爆炸时，都会产生大量的一氧化碳气体。大量事实表明，多数遇难矿工不是由于爆炸和燃烧直接受到伤害，而是由于有害气体中毒或缺氧窒息造成的间接伤亡。在发生煤与瓦斯或二氧化碳突出事故时，也因为现场氧气浓度大大降低，造成窒息伤亡。

在井下发生灾害时，自救器能及时有效地为井下工人提供充足氧气或过滤有毒气体，使矿工获取宝贵逃生时间，它在挽救生命方面的作用是不容忽视的。所以快速、正确，有效地佩戴使用自救器对于井下工作人员来说是必须掌握的一项基本技能。

山西某大型煤矿矿难现场采访中，一位运城籍工人告诉记者："昨天有个记者问我们自救器怎么用？这真的把我们问住了，真不知道自救器怎么用？你看看我们这么多人，谁会用那个自救器？但是矿上说自救器必须领，还要我们押300元钱，你要是丢了或是坏了就要把钱扣掉，反正你背着就行，会不会用没人管。可是多数工人到井下后就把自救器撂那儿了，要是有安全员来检查再戴上就行了。"可见自救器不但下井工人必须随身携带，还必须能够熟练使用和保护。

2. 自救器的类型

自救器按工作原理可以分为过滤式自救器和隔绝式自救器。

过滤式自救器以佩戴者自身的呼吸为动力，将空气中有害物质予以过滤净化。过滤式自救器使用在空气中有害物浓度不很高，且空气中的含氧量不低于18%的场所。它分为机械过滤和化学过滤两种，机械过滤主要是用于防止粒径小于5微米的呼吸性粉尘的吸入，通常称为防尘口罩或防尘面具；化学过滤主要用于防止有毒气体、蒸汽、毒烟雾等的吸入，通常称为防毒面具。

隔绝式自救器能够将戴用者的呼吸器官与污染环境隔离，通过输入空气或氧气来维持人体正常呼吸，用于缺氧、尘毒污染严重，情况不明或有生命危险的工作场合。

一般说来，在有瓦斯、煤尘爆炸危险和自燃发火倾向的矿井中，可以采用过滤式自救器；但是在有煤与瓦斯突出危险的矿井中，则必须采用隔绝式自救器。

3. 自救器的使用和维护

为充分发挥自救功能，除了要正确选择使用自救器外，正确地维护、保持原有功能也是非常重要的。一般应注意以下几方面：

（1）自救器的检查与保养。应按照呼吸防护用具使用说明书中有关内容和要求，由受过培训的人员定期检查和维护呼吸防护用具。对携气式呼吸器，使用后应立即更换用完的或部分使用过的气瓶或呼吸气体发生器，并更换其他过滤部件。更换气瓶时不允许将空气瓶与氧气瓶互换。应按国家有关规定，在具有相应压力容器检测资格的机构定期检测空气瓶或氧气瓶，应使用专用润滑剂润滑高压空气或氧气设备。使用者不得自行重新装填过滤式呼吸防护用具的滤毒罐或滤毒盒内的吸附过滤材料，也不得采取任何方法自行延长已经失效的过滤元件的使用寿命。

（2）自救器的清洗与消毒。个人专用的呼吸防护用具应定期清洗和消毒，非个人使用的每次用后都应清洗和消毒。不应清洗过滤元件，对可更换过滤元件的过滤式呼吸防护用具，清洗前应将过滤元件取下。清洗面罩时，应按使用说明书要求拆卸有关部件。使用软毛刷在温水中清洗，或在温水中加适量中性洗涤剂清洗，清水冲洗干净后在清洁场所风干。

（3）自救器的保存。呼吸防护用具应存放在清洁、干燥，无油污、无阳光直射和无腐蚀性气体的地方。若呼吸防护用具不经常使用，应将呼吸防护用具放入密封袋内储存。储存时应避免面罩变形，且防毒过滤元件不应敞口储存。所有紧急情况和救援使用的呼吸防护用具应保持待用状态，并置于管理、取用方便的地方，不得随意变更存放地点。

(4) 佩戴呼吸护具的气密性检查。在每次使用呼吸防护用具时，使用密合性面罩的人员应首先进行佩戴气密性检查，以确定使用人员面部与面罩之间有良好的密合性；如若检查不合格，不允许进入有害环境。

第七节 井下行走和短暂休息时的注意事项

1. 在井下行走时应注意如下安全事项：

(1) 井下巷道断面有限，来往车辆多，光线较暗，作业人员在井下行走时，应特别谨慎小心，稍有麻痹，就有可能摔倒或造成被车辆挤压事故。

(2) 工人要下立井，就必须要经过井口。为了防止人员掉入井筒，在主井井口处、井筒和各水平连接处都有安全栅栏门。入井人员只有在安全门打开，把钩工允许的情况下方可通过。行人要想到井筒对面去，就必须经人行道过去。也可以从井筒梯子间过去，禁止行人直接走提升间（即井筒）过到对面。

(3) 井下运输大巷的一侧，都留有足够宽度的人行道供人行走。为防止来往车辆伤人，禁止在两轨道中间行走。不能随意穿越电机车轨道，如果因工作一定要横过时，要确认没有车辆通过后，才能穿过。要横过绞车道或无极绳道时，只要有钢丝绳在运行，无论所提升的车辆有多远，都不得横过。只有在提升绳静止不动时，才可横跨。

(4) 在人行道不够规定宽度的运输巷道行走时，要注意有无运行的车辆正在接近自己。如果发现有车时，就应立即就近进入躲避硐室，等车过去后再出来。行走在接近巷道拐弯处、岔道口、巷道口、风门处时要止步观望，观察并静听有无车辆接近的声音，确认没有后，方可继续前行。千万不要只顾行走，不管安全。思想要集中，瞻前顾后，踩实踏稳，方能确保行走安全。

（5）在回风巷行走，要走巷道中间，不要走巷道两侧。注意巷道中的水坑、石块，谨防因矿压等作用形成的底鼓绊脚，压梁碰头。

（6）在施工期间的斜巷行走或在既提升又兼行人的材料道行走时，要遵守"行车不行人，行人不行车"的规定。行走中发现斜巷上方的红灯亮时，立即就近躲入躲避硐室，红灯灭时方可行走。任何人不准从斜巷井底穿过，必须从专门设置的绕行道通行。

（7）在滚筒驱动的带式输送机巷或刮板输送机巷行走时，无论输送机是否开动，都不得乘坐或在机格内行走，不准越过输送机驱动滚筒处的保护栅栏，防止被传动装置缠伤。横过胶带时，要走专门设置的过桥通道。

（8）看到巷道口钉有栅栏或挂有危险警告牌的地点，说明里面有冒顶危险或积聚有害气体，行人是绝对不能贸然进入的。

（9）在巷道上方有人工作的地方穿过时，应与上面的工作人员联系，请他们暂时停止工作，然后再通过。溜煤眼和下料眼内不准行走，不准在溜煤眼下部停留。

2. 在工作面附近短暂休息应注意：

（1）应注意周围的支护情况，应选择顶板完整、支护完好，确保不会冒顶和掉块。

（2）休息地点能够保持一定的通风量。

（3）休息时不妨碍行车、不妨碍他人作业。

（4）不得在密闭墙以内休息，以防逸出的有害气体损害健康。

（5）不得到采空区休息，以防顶板冒落。

（6）不得到老空区、盲巷以及其他情况不明的巷道中休息。

第八节　携带施工工具的注意事项

井下施工人员随身携带施工工具要注意以下几点：

1. 井下作业人员随身携带的工具，一定要妥善保管。锋利的工具刃口要带套，并朝向行进方向携带。注意与同行人员保持一定的距离，避免因碰撞误伤他人。

2. 携带像钻杆、铁锹这样的长工具，乘罐笼和人车时不得乱放。应放在合适位置并用一只手抓住，另一只手抓扶手。防止设备运行时，工具被碰倒或震倒伤到他人。

3. 乘坐带式输送机时，工具应顺长沿胶带运行方向放置，必须用一只手抓牢工具的把柄，防止胶带运行时发生滚滑伤到他人。

4. 乘架空乘人装置时，工具不能横着运行方向放在身体上。应一手抓吊杆，一手握工具，并使工具顺长同装置运行方向一致。不得垂直抱在吊杆上，以防碰撞上方装置。

5. 携带较长工具在井下行走时，为避免碰坏头顶上方的矿井照明灯等，禁止将较长工具斜扛在肩上，要拿在手中行走。特别在架线式电机车运行巷道，更应注意不能让工具碰到架空线。否则，有可能碰坏架空线，还会使携带者发生触电危险。

到工作面后，个人携带的工具应放在固定的地方，便于寻找和使用，且不能妨碍通行，摆放须整齐美观，符合文明生产的基本要求。需要交给下一班的，要交代清楚工具的存放地点和完好情况。下班需要带回的，仍要符合前面提到的携带要求。

第九节　交接班应注意的安全问题

煤矿井下经常会发生一些意想不到的事情，特别是回采工作面和掘进工作面，天天都在向前推进，会时常出现新的情况。所以，每次到工作岗位后，在开始工作前首先要把情况特别是安全方面的情况问清楚，不了解情况就盲目开始工作是不安全的。

要掌握工作地点的情况，就要做好交接班工作。井下所有人员都必须在工作地点交接班，没有固定工作地点的工种，也要在指定地点交接班。交接双方，都必须用团结友爱和对同志、对工作负责的态度，认真地把本班工作情况、安全情况，设备运行情况以及可能会发生危险的地方，详细地告诉接班人员。

在回采和掘进工作面工作的人员，更要把工作面顶板变化情况、支护情况和瓦斯情况向接班的人员交代清楚。接班人员除了认真考虑交班人员的意见外，还应该主动询问上一班工作中出现的问题和处理情况，并根据交班人员交代的情况，在开始工作以前，先把工作地点存在的安全隐患处理完。做到在安全条件下进行生产，顺利完成本班任务。

不论交班的人员或接班的人员，都应该主动把工作中出现的问题在本班处理完，不给下一班留下隐患和麻烦。班和班之间要互相创造安全生产的条件，互相打好基础，纠正和克服自顾自地本位主义倾向。

井下出现事故的一个很重要原因，常常是因为不重视交接班和情况不明而造成的。为此，我们要接受这个教训，每次上班前都坚持做好交接班工作。

第十节　在工作面应注意的安全事项

煤矿生产的最前线和主战场是回采工作面和掘进工作面，这里人员多，设备集中，声响大，工作空间狭窄，工作和行走都受到限制。井下施工人员一定要思想集中，处处留心。

在工作面，除了要注意敲帮问顶和注意周围的支护情况外，还要做到：

1. 行走时要走人行道，不要靠煤帮走，不要在刮板输送机上走，也不要在没有支架处站立。

2. 要注意避开采煤机的滚筒和牵引链，防止碰伤。在采用爆破落煤的工作面工作，要随时注意爆破信号，听从爆破工的信号指挥。

3. 要按照规定把支柱打正打牢。爆破打倒的或工作中碰倒的柱子，要立即重新支好。

4. 不要拨弄工作面的采掘设备和输送机械。工具不要乱丢乱放。

5. 不要把大设备放在刮板输送机上搬运。在用刮板输送机运送支护材料时，一定要按照以下方法操作：材料放入刮板输送机时，要先放前端，再放后端；从刮板输送机上取出材料时，要先取后端，再拉出前端。

6. 使用综合机械化设备的工作面，在液压支架上有许多开关手柄，不是移架工不可随意拨弄，要注意保护油管和柱体。

7. 施工人员在休息时切不要在工作面互相打闹，更不能随意钻到采空区中，以免发生意外。

第十一节 矿井的通风措施

一、矿井通风的作用

煤矿生产是地下作业，工作条件比较复杂、恶劣，矿井通风是矿井安全工作的基础，是防治瓦斯、煤尘、火灾和创造良好工作环境最有效的方法。矿井通风的基本作用：

1. 供给井下工作人员足够的新鲜空气，每人每分钟不得少于4立方米。

2. 冲淡并排出井下有毒有害气体及矿尘，使各用风地点风流中的瓦斯、二氧化碳、氢气和其他有害气体的浓度在《煤矿安全规程》中规定的安全浓度以下。

3. 由于井下条件恶劣，空气常常是湿度大、地热明显，所以通过通风调节气候条件，创造良好的工作环境。

二、井下局部通风

矿井主要通风系统是为全矿的安全和生产服务的。另外在掘进工作面和采煤工作面还必须有独立的通风系统。

煤矿采掘工作面既是瓦斯、煤尘和火灾等自然灾害发生次数较多的地点，又是作业人员较集中的场所。实行独立通风后，一旦发生灾害事故，其产生的有毒有害气体和高温火焰，直接排到回风巷，不致形成污染，危害其他采掘工作面，可以限制事故范围扩大和损失加重。同时，采掘工作面实行独立通风后，各用风地点的风量调节起来也比较方便，使风流更加稳定可靠。所以，《煤矿安全规程》中规定，采掘工作面应实行独立通风。

1. 采区通风系统

采区通风系统是指矿井风流经主要进风巷进入采区，流经采区进风巷道，清洁采掘工作面、硐室和其他用风巷道后，沿采区回风巷排至矿井主要回风巷的整个网络。其基本要求是：

（1）采区必须有独立的风道，实行分区通风。采区进、回风巷必须贯穿整个采区的长度或高度。严禁将一条上山、下山或盘区的风巷分为两段，其中一段为进风巷，另一段为回风巷。

（2）采掘工作面、硐室都应采用独立通风。采用串联通风时，必须遵守《煤矿安全规程》的有关规定。

（3）按瓦斯、二氧化碳，气候条件和工业卫生的要求，合理配风。要尽量减少采区漏风，并避免新风到达工作面之前被污染和加热。要保证通风阻力小，通风能力大，风流畅通。

（4）通风网络要简单，以便在发生事故时易于控制和撤离人员，为此应尽量减少通风构筑物的数量，要尽量避免采用角联风路，无法避免时，要有保证风流稳定性的措施。

（5）要有较强的抗灾和防灾能力，为此要设置防尘线路、避灾线路、避难硐室和灾变时的风流控制设施。

（6）采掘工作面的进风和回风不得经过采空区或冒顶区。

（7）采区内布置的机电硐室、绞车房要配足风量。如果它们的通风采用回风时，在排放瓦斯过程中，必须切断这些地点的电源，防止高浓度的瓦斯流经这些地点时引起瓦斯爆炸。

2. 掘进工作面通风

62

掘进工作面通风方法分为两大类：利用矿井总风压通风和使用局部通风设备通风。

（1）利用矿井总风压通风

利用矿井总风压的一部分能量，借助于各种导风设施，将新鲜风流引入掘进工作面。根据导风设施不同，分为以下3类：①用纵向风墙或风障导风；②利用风筒导风；③利用平行巷道通风。

当两条平行巷道同时掘进时，可每隔一定距离开联络巷，前一联络巷掘通后，后一联络巷即封闭。由两条巷道与联络巷构成一个进、回风系统，由总风压供风。独头巷道部分可利用风障或导风筒导风。

（2）使用局部通风设备通风

掘进用的局部通风设备有两类：引射器和局部通风机。

①引射器。引射器是将高压水或压缩空气的部分能量传递给风流，克服风流在风筒和独头巷道中流动的阻力，达到给掘进工作面供风的目的。根据高压流体的不同，分为压气引射器和水力引射器。其缺点是风压低、风量小、效率低。

②局部通风机。随着煤炭工业的发展，采煤方法的改革，特别是机械化程度的提高和局部通风技术的进步，局部通风机的通风方法取代了全风压通风，成为我国掘进工作面的主要通风方法。用局部通风设备通风时，其工作方法有：压入式、抽出式、压抽混合式3种。

三、井下的主要通风设施

煤矿井下常用的通风设施有：风门、风桥、挡风墙、风硐、调节风窗等。

风门是既要切断风流又要行人和通过车辆的一种通风构筑物，分自动开启和人力开启两种。对风门的要求有：应逆着风流开启；每处风门至少有两道，且间距大于运输设备长度；风门前后5米内支架完好，无空帮空顶，门垛四周均要掘槽，槽深在煤巷内不小于 0.3 米，在岩巷内不小于 0.2 米。

挡风墙又叫密闭，是切断风流或封闭采空区，防止瓦斯向矿井风流扩散的构建物，其作用是封闭采空区、火区和废弃的旧巷区。

风桥是隔开两支相互交叉的进、回风的通风构筑物，回风流从桥上面通过，新鲜进风流从桥下面通过。

风硐是连接主要通风机装置和回风井之间的一条巷道，其断面形状通常是圆形或者拱形，以引导风流。

调节风窗是安装在风门上，用于增加风阻的调风设施，主要用于采区内各工作面之间、采区之间以及各生产水平之间的风量调节。

四、保证井下通风系统安全的注意事项

矿井通风直接关系到全矿井的生产安全，维护好通风系统，保持通风系统正常运行是每名员工应尽的义务，要求做到：

1. 爱护通风设施和设备，不得损坏和随意拆除和移动。

2. 未经允许不可擅自开动或停止局部通风机，更不可将手或者木棒等物伸入运转着的局部通风机。

3. 每次通过风门时一定要随手把邻近的两道风门同时关闭，以免造成风流短路。

4. 有些巷道在巷道口设置了栅栏，挂有危险警告牌，表示里面聚积了有害气体，这种情况下严禁拆毁栅栏，摘掉警告牌，且不能让风进入。

5. 按要求构筑的用于封闭井下火区、盲巷或抽放瓦斯的各种密闭，要保持完好，防止有害气体泄出。严禁随意破坏密闭，严禁摘掉警告牌，不准擅自入内。

6. 每部局部通风机都应由专人负责管理，在巷道里架棚、推车或搬运材料设备时不得刮坏风筒。

7. 风机一旦停止运行，应立即切断电源并撤离工作面。

8. 发现中毒人员，应立即移送至有新鲜空气的巷道中，及时抢救。

第五章 矿井顶板事故的预防及处理

第一节 煤层顶板及采掘工作面的顶板控制

1. 煤层的顶板

煤层上面的岩层叫顶板。根据顶板的坚硬程度及距煤层的距离，可把煤层的顶板分为三层：

（1）伪顶，也称假顶。伪顶是在煤层之上，紧贴煤层的一层松软岩层，一般厚度在 50 厘米以下。当煤层被采落时，伪顶也同时下落，混入煤中，影响煤质。

（2）直接顶。直接顶是位于伪顶之上或煤层之上的顶板，它具有一定的稳定性。工作面煤层被采落时，直接顶不会立即垮落，而是要在工作面上方悬露一定的时间才垮落。直接顶是采掘工作面支护的对象。如果支护好，就不会冒顶，否则会造成冒顶伤亡事故。

（3）老顶，也称基本顶。老顶是在直接顶上方的岩层，一般由坚硬岩层组成。老顶在采空区上方悬露一定的面积后才能垮落。老顶垮落后会给采煤工作面带来很大压力，如果工作面支护不好，就会发生大冒顶伤人事故。

2. 采煤工作面顶板控制

（1）普通机械化及炮采工作面顶板控制。

普通机械化及炮采工作面顶板控制主要是依靠单体液压支柱配合金属铰接顶梁或型梁支护，构成工作面的基本支架。除基本

65

支架外，在控制顶板中还会采用木垛、丛柱，密集支柱、抬棚等特殊支架。

(2) 综合机械化工作面顶板控制。

综合机械化采煤工作面依靠自移式液压支架控制顶板。无论是在对顶板的支撑力还是安全性、稳定性方面都优于其他支护形式，是我国广泛应用的支护形式。根据支架对顶板的作用力形式，综采支架有三大类型，即支撑式、掩护式和支撑掩护式。

3. 掘进工作面顶板控制

井下巷道掘进以后，必须进行不同形式的支护来控制顶板，否则随时间的推移，巷道会变形或冒顶，影响安全使用。巷道支护形式主要有以下几种：

(1) 棚式支护。棚式支护有木支架、金属支架和装配式钢筋混凝土支架三种，形状多为梯形。

(2) 石材整体式支护，也称砌碹支护，多为直墙拱顶式。

(3) 锚杆支护。常与喷射混凝土、金属网联合应用。

第二节 冒顶事故的常见征兆及预防

在井下生产过程中，顶板意外冒落造成设备损坏、人员伤亡和影响生产正常进行，就是顶板事故。顶板事故可分为局部冒顶和大面积冒顶两类。

1. 局部冒顶的常见征兆与预防措施

在正常情况下，顶板冒落事先都有预兆。

(1) 局部冒顶的预兆

①响声。岩层下沉断裂、顶板压力急剧加大时，支架就会发生劈裂声，紧接着出现折梁断柱现象；金属支柱的活柱急速下缩，也会发出很大声响。有时也能听到采空区内顶板发生断裂的闷雷声。

②掉渣。顶板严重破裂时，折梁断柱就要增加，随后就出现

顶板掉渣现象。掉渣越多，说明顶板压力越大。在人工顶板下，掉下的碎矸石和煤渣更多，也叫"煤雨"，这就是发生冒顶的危险信号。

③片帮。冒顶前煤壁所受压力增加，变得松软，片帮煤比平时多。

④裂缝。顶板的裂缝，一种是地质构造产生的自然裂隙，另一种是由于采空区顶板下沉引起的采动裂隙。老工人的经验是："流水的裂缝有危险，因为它深；缝里有煤泥、水锈的不危险，因为它是老缝；茬口新的有危险，因为它是新生的。"如果这种裂缝加深加宽，说明顶板继续恶化。

⑤脱层。顶板快要冒落的时候，往往出现脱层现象。

⑥漏顶。破碎的伪顶或直接顶，在大面积冒顶以前，有时因为背顶不严和支架不牢出现漏顶现象。漏顶如不及时处理，会使棚顶托空、支架松动，顶板岩石继续冒落，就会造成没有声响的大冒顶。

⑦瓦斯涌出量忽然增大。

⑧顶板的淋水明显增加。

(2) 局部冒顶的预防措施

①采用能及时支护悬露顶板的支架，如正悬臂支架，横板连锁棚子，正倒悬臂梁支架及贴帮点柱等。

②严禁工人在无支护空顶区操作。

③工作面上下出口的支架必须有足够的强度，不仅能支撑松动易冒的顶，还能支撑住基本来压时的部分压力。

④支护系统必须能始终控制局部冒顶，且具有一定的稳定性，防止基本来压时推倒支架。

⑤采煤工作面如果采用的是金属支柱工作面，回柱时可用木支柱作替柱，最后用绞车回木柱。

⑥为了防止金属网上大块游离岩块在回柱时落下来，推倒采

煤工作面支架发生局部冒顶，在放顶线的范围要加强支护，要用木柱替换金属支柱。

⑦采煤工作面如遇到断层时应在断层两侧加设木垛加强支护，并迎着岩块可能滑下的方向支设戗棚或戗柱。

2. 大面积冒顶的常见征兆与预防措施

(1) 大面积冒顶的预兆

采煤工作面随回柱放顶工作进行，直接顶逐渐垮落，如果直接顶垮落后未能充满采空区，则坚硬的老顶就要发生周期来压。来压时煤壁受压发生变化，造成工作面前方压力集中，在这个变化过程中工作面顶板、煤帮、支架都会出现老顶来压前各种预兆。

①顶板的预兆。顶板连续发出断裂声，这是由于直接顶和基本顶发生离层，或顶板切断而发出的声音。有时采空区内顶板发出像闷雷的声音，这是基本顶和上方岩层产生离层或断裂的声音。

②煤帮的预兆。由于冒顶前压力增大，煤壁受压后，煤质变软变酥，片帮增多。使用电钻打眼时，钻眼省力。

③支架的预兆。使用金属支柱时，耳朵贴在柱体上，可听见支柱受压后发出的声音，支柱"破顶、钻底"。当顶板压力继续增加时，活柱迅速下缩，连续发出"咯咯"的声音。工作面使用铰接顶梁时，在顶板冲击压力的作用下，顶梁楔子有时弹出或挤出。

④含瓦斯的煤层，瓦斯涌出量突然增加；有淋水的顶板，淋水增加。

(2) 大面积冒顶的预防措施

①提高单体支柱的初撑力和刚度，使用单体液压支柱替代摩擦金属。

②提高支架的稳定性。

③严格控制采高。

④掘进上下运输平巷时不得破坏复合顶板。

⑤对于坚硬难冒顶板可以采用顶板注水和强制放顶等措施。

⑥加强矿井生产地质工作，加强矿压的预测预报。

第三节 顶板事故的常见原因

井下工作面发生顶板事故的原因很多，比较常见的有以下几种：

（1）地质构造复杂。松软破碎的顶板常有小的局部冒顶，坚硬难冒的顶板会发生大冒顶，少数矿井还有冲击地压。如果采掘过程中遇到了断层、褶曲等地质构造，更容易发生冒顶。

（2）顶板压力的变化。初次来压和周期来压时，顶板下沉量和下沉速度都急剧增加，支架受力猛增，顶板破碎，还会出现平行煤壁的裂隙，甚至顶板出现台阶状下沉，这时冒顶的可能性最大。

（3）回采工序的影响。采煤机切割煤壁或工作面放炮时，换柱、回柱和放顶时，对顶板的震动破坏较大，比进行其他工序时容易冒顶。

（4）工作面部位不同。输送机机头和机尾处；不按规格要求支护的地方；工作面与回风巷和运输巷连接的上、下出口；工作面煤壁线、放顶线与顶板（特别是各种假顶）交接处，都是容易冒顶的地方。

（5）顶板管理方式。托伪顶、留煤顶开采、厚煤层用笆片、金属网作假顶开采等，工序复杂，管理不好就要冒顶。

（6）人的因素。违章指挥、违章作业是造成顶板事故最根本、最直接的原因。从全国历年统计分析看，有80%以上的事故是因为各种违章和工程质量低劣造成的。

（7）技术装备落后。目前大多数小型矿井回采工作面还在不同程度地使用摩擦支柱和木支柱，回柱基本上是人工作业，埋下事故隐患。

【案例1】1999年6月29日，山西省某矿西11采煤工作面，由于回采以来一直未进行回柱放顶，最大控顶距达十几米。在组织回柱时，顶板第二次发出巨响，并剧烈下沉，发生冒落矸石、煤壁片帮现象。工作面冒顶范围长 25 米、宽 10 米~15 米、高 5 米~10 米。将向煤壁和回风平巷口方向逃离的 10 名工人埋压致死，有 1 人被压后，奋力将矸石、煤块推开，最后脱险。

【案例 2】1988 年 11 月 3 日，安徽省某矿 5104 采煤工作面在回柱放顶时，违反操作规程，在工作面中上部剩有 51 根支柱未回的情况下，上下同时回柱，造成复合顶板压力集中，致使在回撤留下的支柱时发生冒顶，造成 3 人死亡，1 人重伤，1 人轻伤。

【案例 3】1990 年 8 月 22 日，山东省某矿 5201 采面第三条带新开门处，由于新开门处选在坡度大（38°），上下有断层的地点，现场支护质量低劣，造成压力大，支架稳定性差。在当班 4 名工人进行维修处理时，没有观察好顶板，没有对掉落的棚梁采取临时支护，现场作业人员站立位置不当，两递料人员均站在架棚下方，煤壁突然发生片帮，推倒新开门处上下 6 架棚，顶板冒落埋住 4 人，经抢救，1 人重伤，3 人死亡。

第四节　采空区顶板的处理方法

根据顶板的性质和煤层的厚度等条件，处理采空区的办法有 4 种：

1. 垮落法

也叫陷落法，就是随着工作面向前推进，把工作面靠近采空区的支架撤出，让直接顶自行垮落或者强制垮落，也就是常说的回柱放顶。垮落下来的岩块充填了采空区，减小了工作面顶板压力。我国大多数煤矿的回采工作面采用了垮落法。

2. 充填法

是由地面或井下把充填材料（沙子、碎矸石等）运送到工作面，充填采空区支撑顶板，不让它垮落。把采空区全部填满的方法叫全部充填法（大多数用水泥充填），多用于开采厚煤层或"三下采煤"；局部充填采空区的方法叫局部充填法，一般是垒砌矸石带，支撑采空区顶板，适用于开采顶板坚硬的薄煤层。

3. 煤柱支撑法

是工作面推进一定距离后，在采空区内留下适当宽度的煤柱来支撑顶板。这种方法适用于顶板岩石特别坚硬、人工强制放顶也很难垮落的顶板条件。不过这种方法很少用，因为一方面煤炭回收率低，另一方面开采近距离煤层群时，当下部煤层的工作面通过上部煤层留下的煤柱时会产生集中压力，给工作面顶板管理造成极大困难。

4. 缓慢下沉法

是指有一种顶板岩层韧性较大，回柱后顶板岩层不垮落，而能弯曲下沉，直到与底板自然合拢的方法。这种方法适合于薄煤层工作面。

第五节 顶板事故的预防和处理

一、顶板事故的预防

掌握顶板的压力规律，及时发现隐患，采取有效的处理措施，就能使顶板冒落和伤人的事故大为减少。

1. 充分掌握顶板压力分布及来压规律。采煤工作面冒顶事故大都发生在直接顶初次垮落、老顶初次来压和周期来压过程中。只要充分掌握压力分布及来压规律，采取有效的支护措施，是可以防止冒顶的。掘进巷道在布置及支架形式的选择上，也要充分考虑压力的分布规律及顶板压力大小，把巷道布置在压力降低区内。

2. 采取有效的支护措施。在采煤工作面，根据顶板特性及压力大小采取合理、有效的支护形式控制顶板，防止冒顶。如果工作面压力太大，基本支架难以承受，还可采用特殊支架支护顶板。综采工作面要严格控制采高，及时移架控制裸露顶板。掘进工作面要坚持使用前探梁支护。在放炮前要加固棚子，实行连锁，防止崩倒棚子引起冒顶。

3. 及时处理局部漏顶。采掘工作面如果出现局部掉矸、漏顶，必须及时处理。否则，会出现漏顶处支架受力不均，受力大的支架会被压断，而引起大冒顶。

4. 坚持敲帮问顶制度。敲帮问顶制度是煤矿井下防止冒顶伤人的一项有效制度。在进入采掘工作面装煤、支护前，首先要敲帮问顶、处理活石。具体方法是：人员站在有支架掩护的安全处，用长柄工具由轻到重敲击顶板，根据敲击声音判断顶板是否离层。一般的，实心声则顶板没有离层；空心声，则说明顶板已经离层。对于已离层顶板要处理下来。如果无法处理下来，要用点柱先支撑，防止在工作中顶板冒落伤人。

5. 特殊条件下要采取有针对性的安全措施。采掘工作面在遇到托伪顶、过断层、过老巷及地质破碎带时，必须采用有针对性的放炮措施、支护措施、背顶措施及回柱措施，并严格执行防止冒顶事故。

二、冒顶事故的处理

采掘工作面发生冒顶事故后，必须采取措施进行处理。发生冒顶压埋人事故时，更应立即开展抢险救人工作，处理冒顶。冒顶的事故现场情况极其复杂，处理的方法也不可能相同，但处理冒顶的原则是相同的。

1. 首先加固冒顶边缘支架，防止冒顶扩大；其次，设法控制冒顶区上方顶板，严禁空顶作业，只有在控制冒顶区顶板以后，才能开展抢救工作。

2. 发生冒顶埋人事故时，要以最近的途径、最快的速度搬运矸石，接近被埋人员。搬矸中，只能用手扒，不许用镐挖，防止伤及被埋人员。人员救出后，先现场急救再升井。

3. 采煤工作面处理冒顶时，要用木垛固实顶板，不能架空棚。

4. 掘进工作面的冒顶，根据实际情况可采用木垛接顶法或撞楔法处理。

5. 在处理冒顶和抢险救人的整个过程中，都要有专人观察顶板，发现有二次冒顶危险时，要立即撤人，防止事故扩大。

第六节　普采工作面防止煤壁片帮的方法

在采高较大、煤质松软、顶板破碎的回采工作面，冒顶事故多数是由煤壁片帮引起的。因为靠煤壁这一侧的顶板由煤壁支撑，在支承压力的作用下，煤壁很容易被压酥，再加上煤层本身松软，煤帮就很容易片落。这样，破碎顶板在煤壁侧失去支撑，便容易冒落了。

在普采、炮采工作面防止煤壁片帮，可以采用下面几种办法：

1. 落煤后，工作面煤壁应当采直采齐，及时打上贴煤壁支柱，使新暴露出的顶板得到支护，从而减少对煤壁的压力。

2. 如果采高大于 2 米，煤壁松软，有片帮现象时，打完贴煤壁支柱后，还要加打横撑将煤壁撑住。打横撑的方法：先把半圆木或板皮立着贴在煤壁上，用横撑一头顶住，另一头撑在贴帮柱上。如果煤壁很破碎，可以在煤壁和贴帮柱之间横向填塞半圆木或板皮加以维护。

3. 在片帮严重的地方，如果截煤或放炮后煤壁上方已经塌落，应在贴帮柱上加托梁或者超前挂金属铰接顶梁，使托梁或顶梁伸入煤壁片落处，超前支护顶板。

4. 打眼时要合理布置炮眼，掌握好角度，顶眼不要距顶板太近。每个炮眼的装药量要适当控制。

5. 落煤后要及时挑顶刷帮，使煤壁不要向采空区方向倾斜，最好使煤壁向工作面前进方向仰斜一点。

第七节 抢救冒顶受困人员的基本原则

处理冒顶事故的主要任务是抢救受困人员及恢复通风系统。抢救受困人员时，首先应直接与受困人员联络（呼叫、敲打、使用地音探听器等），来确定受困人员所在的位置和人数。如果受困人员所在地点通风不好，必须设法加强通风。若因冒顶使受困人员堵在里面，应利用压风管、水管及开掘巷道、打钻等方法，向受困人员输送新鲜空气、饮料和食物。

在抢救中，必须时刻注意救护人员的安全。如果觉察到有再次冒顶危险时，应首先加强支护，准备好安全退路。在冒顶区工作时，要派专人观察周围顶板变化情况，注意检查瓦斯及其他有害气体情况。在清除冒落矸石时，要小心地使用工具，以免伤害受困人员。

在处理冒顶时，应根据岩层冒落高度、冒落岩块大小，冒顶位置和范围以及围岩情况，采取不同的抢救方法：

（1）顶板冒落范围不大时，如果受困人员被大块矸石压住，可采用千斤页、撬棍等工具把大块岩石顶起，将人迅速救出。

（2）顶板沿煤壁冒落，矸石块度比较破碎，遇难人员又靠近煤壁位置时，可采用沿煤壁由冒顶区从外向里掏小洞，架设梯形棚子维护顶板，边支护边掏洞，直到把受困人员救出。

（3）如果受困人员位置靠近放顶区时，可采用沿放顶区由外向里掏小洞，设梯形棚子，木板背帮背顶，或用前探棚边支护边掏洞，把受困人员救出。

（4）工作面冒落范围较小，矸石块度小，比较破碎，并且继续下落，矸石扒一点、漏一些。在这种情况下处理冒顶、抢救人员时，可采用撞楔法处理，控制住顶板。

（5）分层开采的工作面发生冒顶事故，底板是煤层，受困人员位置在金属或在荆笆假顶下面时，可沿底板煤层掏小洞，边支护边掏洞，接近受困人后将其救出。

（6）如果底板是岩石，掏不动，受困人员位置在金属网或荆篱假顶下面时，可沿煤壁掏小洞，寻找受困人员。

（7）工作面冒落范围很大时，受困人员的位置在冒落工作面的中间，采用掏小洞和撞楔法处理，时间长不安全，这时，可采取沿煤层重新开切眼的方法处理。新开切眼与原工作面距离一般为3米~5米左右，边掘进边支护。也可以用掏洞法处理，但靠冒落区的一帮必须用木板背好，防止漏矸石。

（8）如果工作面两端冒落，把人堵在工作面内，采用掏小洞和撞楔法穿不过去，可采取另掘巷道的方法，绕过冒落区或危险区将受困人员救出。

（9）掘进巷道发生冒顶事故，将人员压住或者堵住时，抢救受困人员方法同上。

第八节 工作面发生冒顶事故时的自救方法

一、采煤工作面冒顶时的避灾自救方法

1. 迅速撤退到安全地点。当发现工作地点有即将发生冒顶的征兆，而当时又难以采取措施防止采煤工作面顶板冒落时，最好的避灾措施是迅速离开危险区，撤退到安全地点。

2. 遇险时要靠煤帮贴身站立或到木垛处避灾。从采煤工作面发生冒顶的实际情况来看，顶板沿煤壁冒落是很少见的。因此，当发生冒顶来不及撤退到安全地点时，遇险者应靠煤帮贴身站立避灾，但要注意煤壁片帮伤人。另外，冒顶时可能将支柱压断或推倒，但在一般情况下不可能压垮或推倒质量合格的木垛。因此，如遇险者所在位置靠近木垛，可撤至木垛处避灾。

3. 遇险后立即发出呼救信号。冒顶对人员的伤害主要是砸伤、掩埋或隔堵。冒落基本稳定后，遇险者应立即采用呼叫、敲打（如敲打物料、岩块，可能造成新的冒落时，则不能敲打，只能呼叫）等方法，发出有规律、不间断的呼救信号，以便救护人员和撤出人员了解灾情，组织力量进行抢救。

4. 遇险人员要积极配合外部的营救工作。冒顶后被煤矸、物料等埋压的人员，不要惊慌失措，在条件不允许时切忌采用猛烈挣扎的办法脱险，以免造成事故扩大。被冒顶隔堵的人员，应在遇险地点有组织地维护好自身安全，构筑脱险通道，配合外部的营救工作，为提前脱险创造良好条件。

二、独头巷道迎头冒顶被堵人员避灾自救方法

1. 遇险人员要正视已发生的灾害，切忌惊慌失措，坚信上级领导一定会积极进行抢救。遇险人员应迅速组织起来，主动听从班组长或有经验老工人的指挥。大家要团结协作，尽量减少体力消耗和相隔堵区的氧气消耗，有计划地使用饮水、食物和矿灯等，做好较长时间避灾的准备。

2. 如人员被困地点有电话，应立即用电话汇报灾情、遇险人数和计划采取的避灾自救措施；如无法用电话联系，应采用敲击钢轨、管道和岩石等方法，发出有规律的呼救信号，并每隔一定时间敲击一次。不间断地发出信号，有利于救援人员了解灾情，组织力量进行抢救。

3. 维护加固冒落地点和人员躲避处的支架，并经常派人检查，以防止冒顶进一步扩大，保障被堵人员避灾时的安全。

4. 如人员被困地点有压风管，应打开压风管给被困人员输送新鲜空气，并稀释被隔堵空间的瓦斯浓度，但要注意保暖。

第六章　水灾事故的预防及应对

第一节　矿井水的来源

要把矿井水的来源与通道都搞清楚，做到心中有数，就可以防患于未然。矿井涌水常见的来源有以下几种：

1. 地表水。大气降水的渗入或流入，往往是开采地形低洼且埋藏较浅的煤层的主要水源，在雨季表现得尤为明显。地面上的河流、湖泊、水库、池塘水，也会渗入和流入井下成为矿井水。地表水能否成为矿井水源，除开采深度条件外，还与地层构造和采煤方法有关。

2. 地下水。有些岩层具有空隙、裂隙或溶洞并含有地下水，称之为含水层。流沙层和砾石层中的水叫孔隙水，石灰岩含水层中的水叫溶洞水，砂岩中的水属于裂隙水。地下水是可以流动的，并不断接受地表水的补给，开采越深水压越高，裂隙、溶洞越大含水也越丰富，它是井下最直接、最常见的水源。当井下巷道或回采工作面一旦揭露这些含水层时，水便会突出，危害性较大。

3. 老空水。过去采过的小煤窑以及矿井里废弃的旧巷道，常常有很多积水。当采掘工作面与它们打透时，很短时间内会有大量水涌入，来势凶猛，造成透水事故。

4. 断层水。有的断层带内会积存水，断层还常常将不同的含水层联通，有的甚至与地表水相通。当开拓掘进或采煤工作面接近或揭露这样的断层时，断层水便会涌出。井下发生的水灾，有时是一种水源造成的，有时是几种水源同时造成的，并且要有通道把水释放出来。

第二节　矿井水患的种类和发生原因

一、矿井水患的种类

1. 开采江、河、湖、水库等地表水影响范围内的煤层时，一旦雨季因洪水暴发水位高出拦洪堤坝或冲毁井口围堤，水便会直接由井口灌入矿井。

2. 井筒在冲积层或强含水层中开凿时，如果事先不进行处理，就会涌水，特别是沙砾层，水沙会一齐涌出，严重的会造成井壁坍塌、沉陷，井架偏斜，使凿井工作无法继续进行。

3. 在顶板破碎的煤层中掘进巷道，因放炮或支护不好发生冒顶，或回采工作面上部防水岩柱尺寸不够，当冒落高度和导水裂缝与河湖等地表水或强含水层沟通时，会造成透水。

4. 巷道掘进时与断层另一强含水层打通，就会造成交水。断层带岩石破碎，各种破裂面及石灰岩裂隙溶洞突水威胁较大。

5. 由于采掘地点离含水层太近，隔水岩柱的抗压强度小，抵抗不住静水压力和矿山压力的共同作用，巷道掘进后经过一段时间的变形，引起底板破裂，承压水突然涌出。

6. 石灰岩溶洞塌落形成的陷落柱内部，岩石破坏，胶结不良，往往构成岩溶水的垂直通道。当巷道与它掘通时，会引起几个含水层水同时大量涌入，造成淹井。

7. 地质勘探时打的钻孔封孔质量不好，就成为各水体之间的垂直联络通道，当巷道或采面与这些钻孔相遇时，地表水或地下水就会经钻孔进入矿井，造成强烈涌水。

8. 回采工作面或巷道遇到老空或旧巷道的积水区时，会在很短时间里涌出大量的水，这是煤矿比较常见且破坏性很大的一种水灾，有时也会造成人身伤亡。

二、发生矿井水患的原因

发生矿井水灾的根源，在于水文情况不明、设计不当、措施不力或管理不善，人的思想麻痹也是一个原因。具体来说有以下几个方面：

1. 地面防洪、防水措施不周详，或有了措施不认真执行，暴雨山洪冲破了防洪工程，致使地面水灌入井下。

2. 水文地质情况不清，井巷接近老空、充水断层，陷落柱、强含水层，未事先探放水，盲目施工，造成突水淹井或人身事故。

3. 井巷位置设计不合理，接近强含水层等水源，施工后在矿山压力和水压的共同作用下，发生顶底板透水。

4. 乱采乱掘，破坏了防水煤柱、岩柱，或者施工质量低劣，平巷掘进腰线忽高忽低，造成顶板冒落，接通了强含水层透水。

5. 积水巷道位置测量错误或资料遗漏、不准，新掘巷道与它打通，或是巷道掘进的方向与探水钻孔的方向偏离，超出了钻孔控制范围，就可能掘透积水区。

6. 井下未构筑防水闸门，或虽有防水闸门但未顺利及时关闭，在矿井发生突水的情况下，不能起堵截水的作用。

7. 井下水泵房的水仓不按时清理，在矿井发生突水时，涌水量大于排水能力，补救时，矿井就可能被淹没。致使容量减少，或者水泵的排水能力不足，而且持续的时间很长，采取临时措施也无法补救。

只要我们搞清水灾发生的原因，有针对性地采取措施，加强管理，矿井水灾是可以避免的。

第三节　井下透水的征兆

一、井下透水的一般征兆

煤层或岩层出水之前，一般都有一些征兆，如工作面变得潮湿，顶板滴水或淋水，岩石膨胀，底板鼓起，工作面压力增大，片帮冒顶，巷道断面缩小，支架变形，等等。比较明显的现象有：

1. 煤层里有"吱吱"的水叫声，甚至有向外浸水的现象，这是因为附近有压力大的含水层或积水区，水从煤层的裂缝向外挤出造成的。

2. 煤层"挂汗"，就是煤层上结成小水珠，说明前面有地下水。

3. 煤层变凉。煤层含水时能吸收人体的热量，用手触摸时会有发凉的感觉，并且手放的时间越长，感到越凉。

4. 如果闻到工作面有臭鸡蛋气味，用舌头尝渗出来的水感到发涩，把水珠放在手指间摩擦有发滑的感觉，就可以肯定前面有老空水。

5. 老空水发红，很像铁锈水，如果发现煤壁上"挂红"，也是出水信号。

6. 顶板来压、底板鼓起或产生裂隙出现渗水，底板有透水危险。

7. 工作面有害气体增加。积水区常有气体散发出来，一般是瓦斯、二氧化碳和硫化氢等。

8. 工作面温度降低。工作面可见到淡淡的雾气，使人感到阴凉，是由工作空间与积水有温差。

以上说的这些征兆，并不是每个工作面透水之前都一定要全部出现，有时可能发现一两个，个别情况下征兆不明显，这就要求仔细观察，认真辨别。如果事先发现了这些征兆，就应该把它们的位置在采掘工程图上标示出来，并与地质测量部门取得联系，请他们进一步探查清楚。

当发现掘进工作面或其他地点发现有透水预兆或发生大量涌水时，说明已接近积水区，不能麻痹大意，必须停止作业，采取措施，报告矿井调度室。如果情况危急，必须立即发出警报，撤出有受水威胁地点的人员。

二、井下透水的征兆分析

煤矿井下有时会发生各种不同的突水现象，突水有大有小，情况各不相同。一旦遇有不正常出水现象，就应当注意它的特点，以便分析判断水源，尽早采取措施。

1. 老空水涌出，一般都从上而下，水有色有味，有浅红、浅黄、浅灰等颜色。

由于老空水在地下封闭积存时间较长，流出时有臭味，用口品尝时不清淡、不爽口、有涩味。突出时瞬时水量很大，其后水量迅速减小。

2. 地表水渗入井下，其颜色随地表水的颜色而定，雨季洪水渗入井下一般浑黄，有时带有泥沙或地面的杂物，洪水来临时（稍滞后一段时间）水量变大，雨水过后水变清、水量渐小。

3. 含水层突水，由于自然条件千差万别，其出水情况多种多样。弱含水层突水一般从岩层裂缝中涌出，水量小，水质清澈透明，无味，水量达到一定数值后开始稳定，如果不进行封堵，此水会变成长年流水，从而增加矿井涌水量。强含水层突水多发生在深部，工作面靠近断层、岩层破碎带，陷落柱周围。强含水层突水一般也存在水量由小变大的过程，有的先产生底鼓，从岩石裂缝中渗水，随底鼓和岩石裂缝加大而水量变大，水有压力、翻水，由于周围岩石的摩擦，开始水呈灰白色，时而变清，时而变灰白色，底板稳定后水变清。随着突水口通道的加大，水量急剧上升，随后高压水的大量喷出会再次造成岩层破裂，并伴有岩层和水交杂产生的巨响。

【案例1】1990 年 8 月 7 日 12：00，湖南省某矿周围小窑采空区繁多，地下水极为丰富。县、乡有关人员对其进行第四次封闭，但等工作人员走后，矿主继续非法组织开采。此时井下工作面煤壁已经湿润，但没有坚持探水，下午16：30放炮时发生了透水事故，造成了井底车场的57名矿工死亡。

【案例2】2010年3月28日下午，山西省某矿发生透水事故，当天下井261人，升井108人，被困153人。该矿井下施工的20101工作面回风巷掘进工作面探放水措施不落实，早在3月25日，工作面就有渗水现象，由最先的少量渗沙到淋湿矿工衣服，最后到用2.5寸的排水管都排不完，矿领导重生产，轻安全，为了赶进度，始终没采取措施，掘进导通采空区积水，致使+583米标高以下的巷道被淹，最终导致了这起透水事故。事故发生后，政府集合了一支3000余人的大型救援队伍，搜救耗资约1亿元人民币，最后38人遇难，115名工人获救。

第四节　矿井水灾的应对

防治矿井水灾的原则，就是在保证矿井安全生产的前提下，以防为主，防治结合，井上井下结合。矿井水灾的防治方法很多，概括起来可分为：地面防治水和井下防治水。

一、地面防治水

地面防治水是防止或减少地表水流入矿井的重要措施，是防止矿井水灾的第一道防线。特别是对以大气降水和地表水为主要水源的矿井，更有重要意义。地面防治水工作，首先要有齐全、详细的矿区水文地质资料。要搞清矿区地貌，地质构造，地面水情况，降雨量、融雪量及山洪分流分布和最高洪水位等，并标在地形地质图上。然后，根据掌握的资料，有针对性地采取措施，主要有：慎重选择井口位置；修筑防洪堤和挖防洪沟；河流改道，铺设人工河床；填堵漏水区，修筑防水沟及排涝等。

（1）慎重选择井口位置。在设计中选择井口和工业广场标高时，应按《规程》规定，高于当地历年最高洪水位，保证在任何情况下不至于被洪水淹没。

在特殊条件下，确难找到较高的位置或需要在山坡上建筑井筒，则必须修筑坚实的高台或在井口附近修筑可靠的防洪堤和防洪沟等，防止洪水灌入矿井。

（2）河流改道及铺人工河床。当有河流经过矿区，对矿井有影响时，可以将河改道，把地表水引出矿区，但河流改道，往往工程量大，投资多。如受客观条件限制无法改道时，可以在矿井漏水地段用勃土、混凝土等铺设人工河床，防止河水渗入井下。

（3）填堵漏水区及修筑排水沟。当有老窑、采空区和岩溶塌陷等漏水区时，小者可以用新土填堵夯实，大者可以在漏水区上方迎水流方向修筑排水沟，防止地表水流入漏水区。

（4）疏导排水。对矿区内大面积积水，可开掘疏水沟或安设水泵将积水排走。修筑排水沟时，要避开煤层露头，裂隙和透水层，严防地表水渗入井下（俗称"两挖一让路"）。

二、井下防治水

井下防治水工作是一项十分艰巨细致的工作，在开采的各个环节都要防治井下水。

通常要掌握地质水文资料。

1. 掌握矿井的水文地质资料

水文地质资料是制定防水措施的依据。因此，必须掌握井田范围内冲积层的含水透水情况，含水层和老空水的情况，可能出水的断层和裂隙分布位置，采动后顶板破碎及地表陷落情况。将上述有关资料标注在采掘工程平面图上，划定出安全开采范围。

2. 探放水

当采掘工作面接近含水层、被淹井巷，断层、溶洞和老空积水等地点，或遇到可疑水源以及打开隔水煤柱放水时，都必须贯彻"有疑必探，先探后掘"的原则。

（1）探水的起点。由于积水范围不可能掌握得很准确，探水的起点至可疑水源必须留出适当的安全距离。我国一些煤矿的经验，必须在离可疑水源75米~150米以外开始打探水钻，有时甚至在200米以外就开始打钻。

（2）探水钻孔的布置。采用边探边掘时，总是钻孔钻进一定距离后，才掘进巷道，且钻孔的终止位置对巷道的终止位置始终保持一段超前距离，这样就留有相当厚的矿柱，以确保掘进工作的安全。

在煤层中一般应保持超前距20米；在层中一般应保持超前距5米~10米。帮距是指中心孔的孔底位置与外斜孔的孔底之间的距离。在超前掘进工作面20米范围内，一般为3米。因为老塘巷道宽度一般为3米，帮距不大于3米，能保证探水的效果。密度是指探水孔的个数，一般为3~5个。即1个中心孔，2~4个与中心孔成一定角度以扇形布置的斜孔。

探水钻孔布置应考虑地质条件，如煤层走向的变化及夹石分布规律，以免判断错误。钻孔布置应考虑矿井排水能力，巷道坡度及断面等因素。探水孔的直径，应根据水量大小而定，一般为75毫米。若水量很大，需放水时间很长，可以适当加大孔径或增加孔数。

（3）探水时注意事项。首先，探水地点要与相邻地区的工作地点保持联系，一旦出水要马上通知受水害威胁地区的工作人员撤到安全地点。若不能保证相邻地区工作人员的安全，可以暂时停止受威胁地区的工作。

其次，打钻探水时，要时刻观察钻孔情况，发现煤层疏松，钻杆推进突然感到轻松，或顺着钻杆有水流出来（超过供水量），都要特别注意。这些都是接近或钻入积水地点的征兆。遇到这种情况要立即停止钻进，进行检查并由有经验的同志监视钻孔和水情变化。这时还不要随意移动或拔出钻杆，因为移动钻杆，高压水可能把钻杆顶出来，碰伤人员；拔出钻杆，钻孔即为积水流出的通道，钻孔会越冲越大，造成透水事故。如果水量水压较大，喷射较远，必须马上固定钻杆，背紧工作面，加固煤壁及顶底板。最后，当在钻孔内发现有害气体放出时，要停止钻进，切断电源，撤出人员，采取通风措施冲淡有害气体。

（4）放水时注意事项。

①放水前必须估计积水量，并要根据矿井排水能力和水仓容量控制放水眼数量及放水眼的流量。

②放水时，要经常观测钻孔中水量变化情况，特别是放老空积水，当水量变小或无水时，应反复多次下钻至原孔孔底或超过孔底，以防钻孔被堵塞，造成放干积水的假象，避免掘进时发生事故。

③放水过程中，应经常检查孔内放出的瓦斯及其他有害气体的含量，以便采取措施。

3. 隔离水源

隔离水源措施包括留设防水煤（岩）柱和隔水帷幕带。

（1）留设防水煤（岩）柱。在开采时遇到煤层直接被冲积层覆盖，煤层直接与含水丰富的含水层接触，邻近有充水断层或老窑采空积水区等情况时，如果不预先进行疏干，则应留设防水煤（岩）柱，使工作面与水源隔开。防水煤（岩）柱起增加巷道岩层抵抗水压力的作用，防止在水压或矿压作用下形成通道使水进入矿井。因此，煤（岩）柱留设的尺寸，应以能抵抗破坏为原则。既不能小（小了不起作用），也不能大（大了影响资源回收，造成浪费）。通常采用的尺寸为：矿界煤柱（同一煤层），以40米为宜，若以断层为矿界，则煤柱尺寸以60米为宜；煤上部边界煤柱尺寸，以80米为宜；矿井内断层两侧要留设煤柱，其尺寸一般以30米~40米为宜。确定既安全又经济的煤柱尺寸，必须通过实践的考验，针对具体条件才能做到。

（2）隔水帷幕带。隔水帷幕带就是将预先制好的浆液（水泥、水玻璃等）通过在井巷前方所打的具有一定角度的钻孔压入岩层的裂隙。浆液在空隙中渗透和扩散，经凝固、硬化后形成隔水帷幕带，起到隔离水源的作用。

由于注浆工艺过程和使用设备都比较简单，而且效果又好，因此，目前国内外均认为它是防治矿井水灾的有效方法之一。通常在下述条件下可以采用注浆建立隔水帷幕带：

①老空水或被淹井巷的水与强大水源有密切联系，单纯采用排积水的办法不行或很不经济。

②井巷必须穿过一个或若干个含水丰富的含水层或充水断层，若不隔离水源就无法掘进。

③涌水量大的矿井，为了减少矿井的涌水量而采用隔水帷幕带。为了取得注浆隔水的预期效果，必须首先查明水源的存在状况等。

4. 堵截

井下涌水为预防采掘过程中突然涌水而造成波及全矿的淹井事故，通常在巷道穿过有足够强度的隔水层的适当地段上设置防水闸门和防水墙。

（1）防水闸门。防水闸门一般设置在可能发生涌水，需要堵截，而平时仍需运输和行人的巷道内。例如：在井底场、井下水泵房和变电所的出入口以及有涌水互相影响的区之间，都必须设置防水闸门。一旦发生水患，立即关闭闸门，将水堵截，把水患限制在局部地区。

（2）水闸墙。在需要永久截水而平时无运输、行人的地点设置水闸墙。水闸墙有临时和永久两种。临时水闸墙一般用木料或砖料砌筑；永久性水闸墙，通常采用混凝土或钢筋混凝土浇灌。构筑水闸墙地点应选在坚硬岩石处和断面小的巷道中，水闸墙的截槽只能用风镐或手镐挖掘。修筑水闸墙时要预留灌浆孔，建成后向四壁灌入水泥浆，使墙与岩壁结成一体，以防漏水。水闸墙下都要安设放水管。

5. 治理地下暗河

被水溶蚀的石灰岩层，可形成很深的洞穴或忽隐忽现的地下暗河，地质学上称此现象为喀斯特地形。我国西南地区多见，在雨季充水，对矿井是一个很大的威胁。地下暗河的治理，首先是查明分布，然后针对实际情况，采取有效措施，一般采取以下措施：

(1) 堵塞暗河突水孔：在采掘工作中，遇到暗河突水孔，当孔不大时，设法用麻袋装的快干水泥等物堵孔，然后砌实，堵塞暗河突水孔。

(2) 绕过暗河：在掘进工作中如果遇到许多充满河沙无水溶洞，可能有暗河；掘进头炮眼往外喷水，水中央杂着河沙及小卵石，可以基本肯定前方有暗河，要测水压、范围。若封堵有困难，可以设法绕过暗河，保证掘进工作的安全进行。

(3) 截断暗河：弄清暗河位置，可以将暗河截流，把暗河水引走，通常可以采用开凿泄水巷道的办法引流。

(4) 断绝暗河水源：若暗河水源为地面水体或其他水体，可以将其水源断绝。

6. 疏放地下水

疏放地下水是消除水源威胁的措施。具体的方法，可以在地表打疏水钻孔，把地下水直接排到地表，也可以在井下开拓疏水巷道，或打放水钻孔，把地下水放出，然后再通过排水设备排出地表。

此外，在疏放地下水的过程中还有这样的情况，即在煤层上下都有含水层，此时若下含水层的水位低于煤层底板很多，而下含水层的吸水能力大于上含水层的泄水量，可以利用打钻的办法将上含水层的水放到下含水层中去。这是一项省钱、省力又安全的措施。我国西北高原地区，太原群煤层下部含水层（奥陶纪石灰岩）水位低于煤层很多，可以容纳煤层上部含水层的泄水。因此，人们利用打钻放水，取得了既便宜又安全的治水效果。

【案例】2007 年 7 月 18 日，湖南省某矿发生一起较大透水事故，同时引发瓦斯爆炸事故，造成 4 人死亡，1 人失踪，1 人重伤，直接经济损失 157.5 万元。这次透水事故的原因是：该矿四上山工作面的上部存在老窑积水威胁，但矿井没有进行探放水。爆破后，大量煤体冒落，工作面上部煤体进一步松软，无法承受老窑积水压力，导致老窑积水瞬间透出。工作面爆破时，5 名作业人员没有撤到水淹不到的安全地点，透水后来不及逃离，被淹埋致死。同时，工作面透水冲出的煤矸石和冲垮的坑木撞破了一带电的煤电钻电缆，电缆短路发出的火花引爆了工作面的瓦斯，导致 1 人被烧成重伤。

第五节　井下发生透水时的应对措施

井下发生透水时，在现场的工作人员将灾情向矿井调度室报告的同时，应就地取材积极封堵透水孔，加固工作面支护，防止事故继续扩大。如果情况紧急，来不及进行加固工作，现场人员应按避灾路线撤退到上一水平进风巷或地面，切勿进入独头的下山巷道。如万一无法或来不及撤至上水平，可暂时找一独头上山避难待救。遇难人员要保持镇静，避免消耗体力过度。

矿领导接到透水报告后，应立即报告上级有关部门和矿山救护队，同时通知受透水事故威胁的人员撤离危险区，关闭有关水闸门，开动井下排水设备，积极组织力量，进行抢险救灾，营救遇难人员。

有瓦斯喷出的地区，探水人员或其他工作人员遇有瓦斯喷出时，要戴上自救器，防止中毒。工作地点还应设法加强通风，风机不准关闭。

通往地面的安全出口如果是竖井，人员撤退时要走安全通道，从安全出口依次离开矿井。人员撤到地面之后，应立即清点人数，向领导汇报。

被淹井巷的恢复工作，大致可分为：查清水源，堵水排水，初整巷道，恢复通风以及进一步整修巷道恢复生产等步骤。由于井巷被淹没，水量必然很大，为了使恢复工作顺利进行，堵水或排水前，必须对水源、水量及涌水通道进行周密的调查研究，然后再采取措施进行恢复工作。恢复方法包括直接排干法和先堵后排法，前者适用于水量不大或水源有限或与其他水源无通道联系的被淹井巷；后者适用于涌水量特别大，单纯采用排水法无法恢复的巷道。

第六节　井下发生透水事故的自救方法

一、透水后现场人员撤退时的注意事项

1. 透水后，应在可能的情况下迅速观察和判断透水的地点、水源，涌水量、发生原因和危害程度等情况，根据灾害预防和处理计划中规定的撤退路线，迅速撤退到透水地点以上的水平，而不能进入透水点附近及下方的独头巷道。

2. 行进中，应靠近巷道一侧，抓牢支架或其他固定物体，尽量避开压力水头和泄水流，并注意防止被水中滚动的矸石和木料撞伤。

3. 如因透水破坏了巷道中的照明和指路牌，迷失了行进的方向时，遇险人员应朝着有风流通过的上山巷道方向撤退。

4. 在撤退沿途和所经过的巷道交叉口，应留设指示行进方向的明显标志，以提示救护人员的注意。

5. 撤退巷道如是竖井，人员需从梯子间上去时，应遵守秩序，

禁止慌乱和争抢。行动中手要抓牢，脚要蹬稳，切实注意自己和他人的安全。

6. 撤退中，如因冒顶或积水造成巷道堵塞，可寻找其他安全通道撤出，在唯一的出口被水封堵无法撤退时，应有组织地在独头工作面躲避，等待救护人员的营救，严禁盲目潜水逃生等冒险行为。

二、透水后被围困时的避灾自救方法

1. 当现场人员被涌水围困无法退出时，应迅速进入预先筑好的避难硐室中避灾，或选择合适地点快速建筑临时避难硐室避灾。迫不得已时，可爬上巷道中高冒空间待救。如系老窑透水，则须在避难硐室处建临时挡墙或吊挂风帘，防止被涌出的有毒、有害气体伤害，进入避难硐室前，应在室外留设明显标志。

2. 在避灾期间，遇险矿工要有良好的心理状态，情绪安定、自信乐观和意志坚强。要做好长时间避灾的准备，除轮流担任岗哨观察水情的人员外，其余人员均应静卧，以减少体力和空气消耗。

3. 避灾时，应用敲击的方法向营救人员指示躲避处的位置，有规律、间断地发出呼救信号。

4. 被困期间断绝食物后，即使在饥饿难忍的情况下，也应努力克制自己，决不嚼食杂物充饥。需要饮用井下水时，应选择适宜的水源，并用纱布或衣服过滤。

5. 长时间被困在井下，发觉救护人员到来营救时，避灾人员不可过度兴奋和慌乱，以防发生意外。

第七章 矿井火灾的预防及处理

第一节 矿井火灾的成因及危害

火灾是矿井较为常见的灾害之一。发生火灾，会造成巨大的资源损失、经济损失或者人员伤亡。

1. 矿井火灾的类型及特征

根据引火热源的不同，矿井火灾通常分为外因火灾和内因火灾两类。外因火灾是指由外来热源造成的火灾。其特点是发生突然，来势凶猛，如果发现不及时，往往可能酿成恶性事故；内因火灾是指煤炭在常温下与空气中的氧相互作用产生热量聚集而引起的火灾，又称煤炭自燃。其特点是：它的发生有一个过程，且有预兆；火源隐蔽，不容易找到真正的火源，同时受井下条件限制，扑灭比较困难；火区燃烧时间长。

2. 矿井火灾的成因及条件

（1）矿井火灾的内因主要有：①出现明火；②不安全的放炮方法；③机械摩擦、撞击，输送带打滑，切割夹矸或顶板冒落产生火花；④电器设备损坏，电流短路或漏电；⑤瓦斯煤尘爆炸，产生再生火源。

（2）矿井火灾的外因主要有：①电能热源。电（缆）流短路或导体过热，电弧电火花，烘烤（灯泡取暖），静电等。②摩擦热。如胶带与滚筒摩擦、胶带与碎煤摩擦以及采掘机械截齿与砂岩摩擦等。③放明炮、糊炮，装药密度过大或过小，钻孔内有水，炸药受潮以及封孔炮泥长度不够或用可燃物（如煤粉、炸药包装纸等）代替炮泥等违反爆破操作规程的操作都有可能发生爆燃。④液压联轴器喷油着火引燃周围可燃物，酿成多起火灾。⑤明火（高温焊接、吸烟）。明火也是产生外因火灾的重要原因之一。明火主要产生于加热器，喷灯、焊接和切割作业，烟头也有酿成火灾的可能。

（3）矿井火灾形成的条件有：①一定数量的可燃物质；②有足够数量的氧气，常见的助燃物是含有一定氧浓度的空气；③具有达到一定温度的火源。

3. 矿井火灾的危害

矿井火灾是煤矿"五大"灾害之一，其危害很大，主要表现在：①产生大量有害气体，使井下人员中毒或死亡；②引起瓦斯、煤尘爆炸；③毁坏设备和资源；④影响正常生产，造成经济损失。

【案例1】1961年3月16日，某矿矿井的西部-280米水泵房，因供电系统管理混乱，导致高压配电室二号电容爆炸，引燃可燃物与木支架。可燃物猛烈燃烧产生大量烟、杂物与有害气体。由于烟流失控，高温烟流蔓延到进风巷及配电室附近区域相邻的采区，致使在这些采区内工作的人员因突然窜入的烟流所熏倒、窒息和一氧化碳中毒死亡，共计轻伤25人，重伤6人，死亡110人。

【案例2】1990年5月8日，黑龙江省某矿在井下安装带式输送机，用气割切割钢板时，飞溅火花引燃作业点附近残留的胶沫、胶条，由于灭火措施不力，导致胶带着火。井下工人无自救器，致使灾情扩大，人员伤亡惨重。总工程师和机电副总工程师带领9名救护人员入井探险，没有认真执行《救护条例》，因井下火风压反风造成3名队员和两位领导遇难。这起特大火灾事故共造成80人死亡。

【案例3】1993年8月9日，贵州省某矿在进风斜井井底车场变电所内，因变压器低压输出电缆爆炸，火花引燃了变压器的漏油，造成变电所木棚和斜井木棚着火，当班在回风侧作业的27人中有2人快速撤出脱险，其他25人全部遇难。火灾发生后，该矿错误地停止了矿井主要通风机，由于火风成风流逆转，使从进风斜井进入灾区灭火的23人也无一幸免，其中包括消防队员，救护人员，矿总工程师和安全科长等。

第二节　矿井外因火灾的预防

发生外因火灾的条件：一是有易燃物存在，二是有足够的氧，三是有足以引起火灾的热源。外因火灾的预防主要从两方面进行：一是防止失控的高温热源；二是尽量采用不燃或耐燃材料，同时防止可燃物的大量积存。因此，预防外因火灾主要采取以下措施：

1. 防止失控的高温热源

（1）井口房和通风机房附近20米内，不得有烟火或用火炉取暖。

（2）严禁携带火柴、打火机等点火工具入井，严禁携带易燃品入井。

（3）井下严禁使用灯泡取暖和使用电炉。

（4）井下和井口房内不得从事电焊、气焊和喷灯焊接工作。如果必须在井下主要硐室，主要进风井巷和井口房内进行电焊、气焊和喷灯焊接等工作，每次必须制定安全措施，并遵守《煤矿安全规程》的有关规定。

（5）瓦斯矿井必须使用和矿井瓦斯等级相适应的煤矿许用炸药和煤矿许用电雷管，不合格或变质的炸药、雷管不准使用。

（6）严禁用煤粉，块状材料或其他可燃性材料作炮眼封泥，无封泥，封泥不足或不实的炮眼严禁爆破，严禁裸露爆破。

（7）瓦斯矿井必须采用矿用防爆型和安全火花型电气设备。

2. 降低可燃物数量

（1）新建矿井的永久井架和井口房，以井口为中心的联合建筑，必须用不燃性材料建筑。

（2）井下使用的汽油、煤油和变压器油必须装入盖严的铁桶内，由专人押至使用地点，剩余的汽油、煤油和变压器油必须运回地面，严禁在井下存放。

（3）严格控制易燃物品的堆放。

（4）井筒、平硐与各水平的连接处及井底车场，主要绞车道与主要运输巷、回风巷的连接处，井下机电设备硐室，主要巷道内带式输送机机头前后两端各 20 米范围内，都必须用不燃性材料支护。

3. 设置消防设施

（1）矿井必须设地面消防水池和井下消防管路系统。

（2）进风井口应装设防火铁门。

（3）井上下必须设置消防材料库。

（4）井下爆炸材料库，机电设备硐室，检修硐室，材料库，井底车场，使用带式输送机或液力耦合器的巷道以及采掘工作面附近的巷道中，应备有灭火器材，其数量、规格和存放地点，应在灾害预防和处理计划中确定。

第三节　煤炭自燃的条件和预防措施

1. 煤炭自燃的条件

煤炭自燃的必要充分条件是：

（1）有自燃倾向性的煤被开采后呈破碎状态，堆积厚度一般要大于 0.4 米。

（2）有较好的蓄热条件。

（3）有适量的通风供氧。通风是维持较高氧浓度的必要条件，是保证氧化反应自动加速的前提。

（4）上述三个条件共存的时间大于煤的自燃发火期。

上述四个条件缺一不可，前三个条件是煤炭自燃的必要条件，最后一个条件是充分条件。

2. 煤炭自燃的过程

煤炭自燃是一个复杂的氧化过程，按其自燃过程的温度和物理化学特征，分为潜伏期、自热期和自燃期三个发展阶段。潜伏期与自热期之和称为煤的自然发火期。

潜伏期（又称低温氧化阶段）。煤层被揭露与空气接触后，吸附氧气。在其表面生成一些不稳定的氧化物。由于潜伏期煤的氧化速度慢，生成的热量少，并能及时放散出去，煤体温度不升高，其外表特征没有明显变化。

自热期。这一阶段煤层的氧化速度加快，放热量增大，若热量不能及时放散，会使煤体温度迅速上升。该阶段的特征是：煤体温度升高；空气湿度加大，支架和巷道壁有水珠凝结；空气中一氧化碳含量升高等。

自燃期。如果煤体温度在达到其自燃临界点温度之前，或已达到临界温度以上时，停止供风或加大改变散热条件，使散热大于生热，则煤体温度会很快下降而进入煤的风化状态。

3. 矿井预防煤炭自燃的具体措施有以下几种：

（1）开采方法的选择必须合理。预防煤炭自燃对开拓开采的要求是煤层切割量少，煤炭回收率高，工作面推进速度快，采空区容易封闭。比如说，将主要巷道尽量布置在煤层底板岩石中，采用长壁式采煤法，全部垮落法管理采空区，无煤柱开采，推广综合机械化采煤。开采顺序：煤层间先采上煤层，后采下煤层；上山采区先采上区段，后采下区段；下山采区与此相反。

（2）保证通风稳定，防止漏风。应选择合理通风系统。如分区通风，工作面后退式采煤应采用 U 形、Y 形或 W 形通风系统。

及时封闭采空区和废巷，通风巷道的工程质量要合乎标准，防止冒顶，及时清理浮煤。

（3）定期检查井巷和采区封闭情况，测定可能自燃发火地点的温度和风量；定期检测火区内的温度、气压和空气成分。

（4）综合防火。根据防火要求和现场条件，应选用注入惰性气体、灌注泥浆（包括粉煤灰泥浆）、压注阻化剂、喷浆堵漏及均压等综合防火措施。

第四节　井下发生火灾事故的处理

一、井下发生火灾时的行动原则

（1）任何人发现井下火灾时，首先应识别火害的性质、范围，立即采取一切可能的方法直接灭火，并迅速报告调度室。

（2）当井下发生火灾时，为保证迅速而可靠地灭火，必须严守纪律、服从命令，切不要惊慌失措、擅自行动。

（3）矿调度室接到井下火灾报告后，值班领导人立即通知矿山救护队抢险，并迅速通知井下受到火灾威胁人员撤离危险区。

（4）在进行抢救人员、灭火及封闭火区工作时，要指定专人检查各种气体及煤尘和风流变化情况并严密注意顶板变化，防止因燃烧或顶板冒落伤人。矿井易发火区域，特别是胶带输送机巷应安装自动灭火装置，可以扑灭火灾或者抑制火势的蔓延。

（5）设置一氧化碳火灾监测传感器、烟雾传感器和温度传感器，及时发现火灾。

二、井下火灾现场的紧急措施

井下火灾事故时，现场人员应视火灾性质、灾区通风和瓦斯情况，立即采取一切可能的方法直接灭火，控制火势，并迅速向矿调度室报告情况。

（1）采煤工作面灭火。一旦采煤工作面发生火灾后，现场人员要从煤壁或采空区侧面利用保护台板和保护盖尽量接近火源，有效地利用灭火器和防尘水管，从进风侧灭火。

（2）掘进巷道灭火。掘进巷道发生火灾后，现场人员应立即控制局部通风机，任何人不得停止局部通风机的运转，要在维持正常通风的情况下，积极灭火。当巷道内瓦斯浓度超过2%时，灭火应采用封闭巷道的办法。

（3）电气火灾灭火。如果电气设备着火，现场人员应立即切断其电源，并使用不导电的灭火器材进行灭火。

第五节　井下灭火方法

一、直接灭火方法

直接灭火方法是指用水、沙子、岩粉和化学灭火器等在火源附近直接扑灭火灾或者挖除火源。

（1）用水灭火。用水灭火是利用水枪射出的强力水流扑灭燃烧物火焰，而水能浸湿物体表面，阻止继续燃烧。

用水灭火应注意以下事项：

①要有充足的供水，在灭火时要不断地喷射，火势旺时不要把水射向火源中心，防止大量蒸汽和炽热煤块抛出伤人，而应从火源的外围开始灭火。

②随时检查火区附近的瓦斯浓度和一氧化碳浓度，防止发生瓦斯爆炸或一氧化碳等火灾气体中毒事故。

③不能用水直接扑灭电气和油料火灾。电气设备着火后，应首先切断电源，再用水灭火。

④灭火人员应站在进风侧，保证正常通风，不准站在回风侧，防止高温烟流或水蒸气伤人。

（2）用沙子或岩粉灭火。把沙子或岩粉直接撒盖在燃烧物体上，可将空气隔绝而把火扑灭。通常用于扑灭油料和带电电气设备火灾。

（3）用化学灭火器灭火。这种方法主要是用泡沫灭火器和干粉灭火器扑灭矿井各类型的初期着火，适用于人员可接近的、火势较小火源，对于缺乏水源的矿井，尤为适用。

井下常用的化学灭火器有手提式泡沫灭火器，手提式喷粉灭火器，卤代烷灭火机等几种。①使用泡沫灭火器时，应注意拔出锁销，并将灭火器倒过来。这样，其中的碱性溶液和酸性溶液在容器中混合后，才会产生大量的二氧化碳液体泡沫从喷嘴喷出。灭火时这种液体泡沫覆盖在燃烧的物体上，将燃烧的物体表面与空气隔绝，使火熄灭。灭火时应尽可能接近火源，先从火的周围向火源中心喷射；由于泡沫能导电，用其扑灭电气设备火灾时，应先断电。②喷粉灭火器适合扑灭电气火灾。③卤代烷灭火机具有效率高、速度快、毒性低和绝缘性好等特点，对于扑灭电气、油类和气体等火灾有较好的效果。

（4）挖除火源。挖除火源就是将着火带及附近已发热或正燃烧的煤炭挖出并运出井外。这是处理煤炭自燃火灾最简单、最彻底的灭火方法。但应注意火区条件，以保证灭火工作安全进行。

挖除可燃物的条件是：

①火源位于人员可直接到达的地点。

②火源范围不大，火灾尚处于初始阶段。

③火区无瓦斯积聚，无瓦斯和煤尘爆炸危险。

挖除火源工作要由矿山救护队担任。当短时间内完不成任务时，可改用其他消除燃烧三要素的灭火方法。

二、隔绝灭火法

隔绝灭火法是利用各种密闭墙，把通向火区的所有巷道封闭，将火区与空气严密隔绝，断绝供氧来源，使火自行熄灭。常用于扑灭大面积火灾和防止火灾蔓延。密闭墙一般有三种：临时密闭墙、耐爆密闭墙、永久密闭墙。井下构筑防火密闭墙时，封闭速度要快，封闭要严密，密闭墙数量要少，封闭的范围要小。

在单独采用一种方法达不到灭火目的时，将直接灭火法和隔绝灭火法联合起来使用，再辅以其他灭火措施，如灌浆、灌惰性气体、注凝胶，撒阻化剂和调节风压法等。

第六节　火灾发生后的安全注意事项

矿井发生火灾事故后，应注意的事项有如下几项：

(1) 沉着冷静戴好自救器，有序撤离。如果现场人员无力抢救，人身安全受到威胁的时候，要马上组织撤离。撤离前不可惊慌，要根据灾情和自己的处境采取相应措施，在任何情况下都不要盲目行动。由于巷道内有毒气和烟气，撤离时必须及时戴好自救器，要尽量避免深呼吸和急促呼吸。烟雾不严重时，应尽量躬身弯腰，低头快速前进，遇有平行并列巷道或交叉巷道时，应靠一侧撤退。烟雾太大时，应摸着巷道壁前进，以保证找到联通出口。

(2) 想办法降低温度。由于火灾发生时，巷道内空气温度很高，撤退时想办法浸湿衣服和毛巾，用毛巾捂住面部，以降低浓烟和毒气的吸入量。

(3) 及时穿越无危险火区。应迅速撤退到新鲜风流中去，或是在烟气没有到来之前，顺着风流尽快从回风出口撤到安全地点。如果火灾发生在独头巷内，或者距火源较近，穿越火源没有危险时，要迅速穿过火区，向火源的进风侧靠近。

(4) 构筑临时避难所。矿井火灾中，人员一旦被堵截在工作面没有办法撤退时，应在保证安全的条件下，迅速拆除可燃的风筒和部分木支架，切断火灾蔓延的通路。同时，选择合适的地点，利用风筒、支架等迅速构筑避难所，并严加封堵，防止有毒有害气体侵入。

（5）利用硐室避火。当火灾严重并且烟雾较大来不及撤离时，想办法立即到避难硐室内自救。

（6）在火灾事故中，当发生瓦斯爆炸预兆时，要尽可能避开可能发生爆炸的正面巷道，或进入巷道内的避难硐室。如来不及时，应迅速背向爆源方向，靠巷道一帮就地顺着巷道趴卧，面部朝下，紧贴巷道底板，用双臂护住头部，尽量减少皮肤外露部分。如果巷道内有水沟或水坑，则应顺势趴入水中，头部歪向一侧。爆炸过后，应沿着安全避灾路线，想办法立即离开出事地区。

第七节　火灾发生后的逃生技巧

一、火灾的自救逃生方法

一般情况下，绝大多数的火灾现场被困人员可以安全地疏散或自救逃生，脱离险境。因此，必须培养自救意识，不惊慌失措，冷静观察，采取可行的措施进行疏散自救。

（1）疏散时，如人员较多或能见度很差，应在熟悉疏散通道的人员带领下，迅速地撤离起火点。带领人可用绳子牵领或前后扯着衣襟，用"跟着我"的喊话，引领相关人员撤至室外或安全地点。

（2）在撤离火场途中被浓烟围困时，烟雾一般是向上流动，地面上的烟雾相对比较稀薄，因此可采用低姿势行走或匍匐穿过浓烟区的方法。如果有条件，可用湿毛巾等捂住嘴、鼻，或用短呼吸法，用鼻子呼吸，以便迅速撤出烟雾区。

（3）火灾时人身着火的应急措施。一旦衣帽着火，应尽快地把衣帽脱掉；如来不及，可把衣服撕碎扔掉；或者是着火人就地倒下打滚，把身上的火焰压灭；在场的其他人员也可用湿麻袋、毯子等物把着火人包裹起来，以窒息火焰；或者向着火人身上浇水，帮助受害者将烧着的衣服撕下；或者着火人跳入附近水中将身上的火熄掉。身上着火时切记不能奔跑，那样会使身上的火越烧越旺，还会把火种带到其他场所，引起新的火点。

二、自救逃生时应注意的问题

由于矿井环境的特殊性，积极进行自救避灾显得极为重要，应按以下步骤进行。

任何人发现了烟雾或明火，知道发生了火灾，就要立即向领导或调度室汇报，请求救护队救援。如果火灾范围很大，或者火势很猛，现场人员已无法抢救时，或者其他地区发生火灾，接到撤退命令时，就要进行自救避灾。具体做法是：

（1）沉着冷静，迅速戴好自救器，避灾领导要逐一进行认真检查后引领撤退。

（2）位于火源进风侧人员，应迎着新风撤退。位于火源回风侧人员，如果距火源较近，且火势不大时，应迅速冲过火源撤到回风侧，然后迎风撤退；如果无法冲过火区，则沿回风撤退一段距离，尽快找到捷径绕到新鲜风流中再撤退。

（3）如果巷道已经充满烟雾，也绝对不要心慌，不能乱跑，要迅速地辨认出发生火灾的地区和风流方向，然后俯身摸着铁道或铁管有秩序地外撤。

（4）如果实在无法撤出，应利用独头巷道、硐室或两道风门之间的条件，因地制宜，就地取材构筑临时避难硐室，尽量隔断风流，防止烟气侵入，然后静卧待救。

（5）有条件时应及早用电话同地面取得联系，以便救护队前来救援。

（6）所有避灾人员必须严格遵守纪律，听从避灾领导的指挥，团结互助，共同渡过难关。

【案例】1961年，某矿井下配电室发生火灾，53名遇险人员中有45人所处地点、环境相近似，但是在事故发生18小时后，只有18人还活着，现场勘查和被救人员的介绍表明：①凡避难位置较高的均死亡，位置较低的绝大部分人保住了生命；②俯卧在底板上并用蘸水毛巾堵住嘴的人保住了生命，与此相反，迎着烟雾方向的人均死亡；③事故发生后，大哭大叫的人大部分死亡。

第八章　瓦斯突出、瓦斯与煤尘爆炸事故的预防与处理

第一节　矿井瓦斯的生成

矿井瓦斯是在采掘过程中从煤层、岩层，采空区中放出的和生产过程中产生的各种有害气体的总称。它不仅影响矿井的正常生产，还威胁到井下施工人员的生命安全。近代由于大型高效通风机，自动遥测监控装置的使用，以及预先采取瓦斯抽放等措施，瓦斯事故已逐渐减少，但瓦斯灾害仍然是矿井的重大自然灾害之一。

煤矿中的有害气体有甲烷（又称沼气）、乙烷、二氧化碳、一氧化碳、硫化氢等，其中甲烷所占比重最大，占 80%~90% 以上。所以，矿井瓦斯习惯上又单指甲烷（化学式 CH_4）。

矿井瓦斯是经地壳运动被埋入地下的亿万年前的古代植物在地热和厌氧菌的作用下与煤同时生成的。每生成 1 吨煤，可同时生成 400 立方米以上的瓦斯，但在漫长的地质年代中，大量的瓦斯已经逸散出去了。

矿井瓦斯是一种无色、无味、无臭的气体。它混合到空气中，既看不见，又摸不着，还闻不出来，但它在空气中占的比例大了，会使空气中氧气含量降低，能造成人员缺氧窒息死亡。

瓦斯的密度比空气小，所以，它经常积聚在巷道的顶部和冒高的空洞中，它难溶于水，但扩散性和渗透性很强，煤层、岩层、采空区中的瓦斯能很快地涌到井下巷道中来。

矿井瓦斯和空气混合到一定浓度时，遇到火源能够发生燃烧或爆炸。为此，井下不准抽烟，不准随意拆开矿灯，不准无安全措施进行电焊、气焊，严禁穿化纤衣服等。

为了保证矿井生产安全，防止瓦斯事故，在有瓦斯涌出的采掘工作面，必须事先进行瓦斯抽放。

瓦斯抽放到空气中，有害于环境，也是极大的浪费。瓦斯是宝贵的资源，既可以作为居民家庭用燃气、锅炉燃气、发电和汽车燃料；又能生产甲醇、甲醛、乙酸、甲基氯化物、甲胺、尿素、炭黑等一系列重要的化工产品。

瓦斯也称为煤层气，可以作为天然气进入输气管道，成为清洁高效的能源。2010 年，我国煤层气抽采量达 100 亿立方米，建设煤层气输气管道 10 条，设计总输气能力 65 亿立方米。我国重点建设了山西沁水盆地，内蒙古鄂尔多斯盆地两大煤层气产业化基地。

第二节　瓦斯的涌出形式和矿井瓦斯的等级

煤矿在采掘生产过程中，会产生大量的瓦斯，这些瓦斯不间断地向巷道和采空区中涌出。

瓦斯涌出有普通涌出和特殊涌出两种形式。普通涌出是指煤层和岩层中的瓦斯缓慢、均匀地涌出，持续时间长，是矿井瓦斯发散的主要形式，这类矿井即为瓦斯矿井。瓦斯矿井必须依照矿井瓦斯等级进行管理。特殊涌出包括瓦斯喷出和煤与瓦斯突出两种形式，这种涌出形式带有突然性，并具有音响和强大的动力作用，有很大的破坏性，对矿井的安全生产威胁很大。

矿井瓦斯等级，根据矿井相对瓦斯涌出量、矿井绝对瓦斯涌出量和瓦斯涌出形式来划分：

（1）低瓦斯矿井，矿井相对瓦斯涌出量小于或等于 10 立方米/吨，且矿井绝对瓦斯涌出量小于或等于 40 立方米/分钟。

（2）高瓦斯矿井，矿井相对瓦斯涌出量大于 10 立方米/吨或矿井绝对瓦斯涌出量大于 40 立方米/分钟。

（3）煤与瓦斯突出矿井，发生过一次煤与瓦斯突出的矿井。

第三节　煤与瓦斯突出的危害

在井下采掘过程中，尤其在石门过煤层掘进时，常常一瞬间（几秒钟内）工作面突然被破坏，大量的煤与岩石被抛出，并放出大量的瓦斯，这种现象就叫做煤与瓦斯突出。据统计，我国某一时段井下不同地点煤与瓦斯突出发生的次数及比例见表 8-1。

表 8-1　我国煤与瓦斯突出发生地点数据统计表

巷道类别	突出次数	比例（%）
石门	567	5.8
煤平巷	4652	47.3
煤上山	2455	24.9
煤下山	375	3.8
采煤工作面	1556	15.8
大直径钻孔及其他	240	2.4
合计	9845	100

从突出次数可见，煤层平巷、煤层上山和下山发生的突出占总次数的 76%，但突出强度较小；石门揭穿煤层时发生的突出次数虽少但强度大，我国 80% 以上的特大型突出发生在石门揭穿煤层工作面时。采煤工作面发生的突出占总次数的 15.8%，但是近年来采煤工作面发生突出的次数有明显增多的趋势。

发生突出时，突出的瓦斯会顺风流流动，但大型突出时也可能逆风流向进风方向流动，会使井下大范围内充满高浓度瓦斯，造成人员缺氧窒息死亡，还可能引起瓦斯燃烧或爆炸。突出的煤岩可掩埋人员，造成人员伤亡。

突出的发生是煤层中的高压瓦斯、矿山压力和煤的机械性质综合作用的结果。但在不同地点，每次突出的主导因素又各有不同。

由于突出具有突然性，并伴有强大的声响和动力，所以它对煤矿的安全生产威胁十分严重。因此，必须认识和掌握突出的规律，采取有效的预防措施。

第四节　煤与瓦斯突出的预兆及预防

一、煤与瓦斯突出的预兆

煤与瓦斯突出的预兆分为无声预兆和有声预兆两类。

1. 无声预兆

（1）煤层结构变化，层理紊乱，煤层由硬变软、由薄变厚，倾角由小变大，煤由湿变干，光泽暗淡，煤层顶、底板出现断裂，煤岩严重破坏等。

（2）工作面煤体和支架压力增大，煤壁外鼓、掉渣，煤块迸出等。

（3）瓦斯增大或忽小忽大，煤尘增多。

2. 有声预兆

煤爆声、闷雷声、深部岩石或煤层的破裂声、支柱折断等。

每次突出前都有预兆出现，但出现预兆的种类和时间是不同的。熟悉和掌握预兆的发生规律，及时撤出人员，减少伤亡具有重要的意义。

二、煤与瓦斯突出的预防和应对措施

预防和处理矿井瓦斯喷出要做到以下几点：

1. 必须加强矿井地质工作，摸清采掘区域内的地质构造情况；同时，要采取"探、排、引、堵"的技术措施。

2. 探明地质构造。在瓦斯喷出可能性大的地区掘进时，可在掘进巷道的前方和两侧打钻孔，探明是否存在断层、裂隙和溶洞，以便了解它们的位置、大小和瓦斯贮存情况。

3. 排放或抽放瓦斯。如探明断层、裂隙、溶洞不大或瓦斯量

106

不多时，则可让它自然排放；如溶洞体积大、范围广、瓦斯量大、喷出强度大、持续时间长，则可插管进行抽放。如在掘进工作面上喷出瓦斯的裂隙多，而且分布较广，可暂时停止掘进，封闭巷道接管抽放。

4. 引导瓦斯到回风道。喷出瓦斯的裂隙范围较小且瓦斯喷出量不大时，可用风筒将瓦斯引到回风道或引到距离工作面 20 米以外的巷道中，以保证工作面能安全放炮。

5. 堵塞裂隙。当喷出瓦斯的裂隙范围较广，但喷出量很小时，可用黄泥或水泥堵住裂隙，阻止瓦斯喷出，以保证掘进工作面的安全。

对于有瓦斯喷出的工作面要有独立的通风系统，并加大供风量。职工配备隔离式自救器，并熟悉避灾路线。

【案例 1】2009 年 5 月 30 日，重庆市某矿三区一斜井掘进工作面发生煤与瓦斯突出事故。当班入井 131 人，其中出井生还 101 人，死亡 30 人。

【案例 2】2009 年 11 月 26 日，贵州省某矿 2151 掘进工作面发生煤与瓦斯突出事故，造成 10 人死亡，3 人重伤。

第五节　局部防突的方法

采用局部防突措施的目的在于使工作面前方小范围失去突出危险性。具体措施主要有水力冲孔、钻孔排放瓦斯、超前钻孔、金属骨架、超前支架、深孔松动爆破、卸压槽等。

1. 水力冲孔是在安全岩（煤）柱的保护下，向有自喷能力的煤层打钻，同时送入高压水，部分地破碎煤体，使煤体应力和瓦斯得以释放，以减小或消除突出危险性。可用于石门掘煤、煤巷掘进和回采工作面。

2. 钻孔排放瓦斯是由煤巷或岩巷向突出煤层打钻，使瓦斯经钻孔自然排放出来，待瓦斯压力降到安全压力（0.2 兆帕~0.3 兆帕）以下时，再进行采掘工作。它适用于煤层厚、倾角大、透气性大和瓦斯压力高的石门掘煤。

3. 超前钻孔是在煤巷掘进工作面前方始终保持一定数量的排放瓦斯钻孔，以排放瓦斯。适用于煤层赋存稳定、透气性好的情况下。

4. 金属骨架是一种超前支架。当石门掘进接近煤层时，先通过岩柱在巷道顶部和两帮上侧打钻穿透煤层全厚，并进入岩层 0.5 米，再用钢管或钢轨作为骨架插入孔内，并予固定，最后用震动爆破揭开煤层。此法适用于地压和瓦斯压力都不太大的急倾斜薄煤层或中厚煤层。

5. 深孔松动爆破是向工作面前方应力集中区，打几个深孔，装药爆破，使煤体松动，集中应力区向深部移动，同时加速瓦斯的排放，从而在工作面前方造成较长的卸压带，以防止突出的发生。它适用于煤质坚硬，突出强度较小，顶板较好的煤层巷道掘进工作面。

6. 超前支架多用于有突出危险的急倾斜煤层、厚煤层的煤层平巷掘进时。为了防止因工作面顶部煤体松软垮落而导致突出，在工作面前方巷道顶部事先打上一排超前支架，增加煤层的稳定性。

7. 卸压槽是作为预防煤（岩）与瓦斯突出和冲击地压的措施。它的实质是预先在工作面前方切割出一个缝槽，以增加工作面前方的卸压范围。没有卸压槽时，工作面前方的卸压区很小，巷道两帮的前方更小。巷道的两帮切割出卸压槽后，卸压范围扩大，在此范围内掘进，并保持一定的超前距就可避免突出或冲击地压的发生。

8. 震动放炮是采用增加炮眼数和装药量，一次爆破揭穿煤层并成巷的爆破方法。在此情况下，因爆破震动，围岩应力和瓦斯压差急剧变化，创造了最有力的突出条件。所以震动放炮基本上是一种人为的诱使突出的措施，它使突出发生在没有人员在场，并且采取了预防瓦斯、煤层爆炸措施的情况下。

第六节 防止煤与瓦斯突出的综合措施

《煤矿安全规程》规定：开采突出煤层时，必须采取突出危险性预测，防治突出措施，防治突出措施的效果检验，安全防护措施等综合防突措施，即"四位一体"综合防突措施。

1. 突出危险性预测

突出危险性预测分区域预测和工作面预测两种。在地质勘探、新井建设、新水平和新采区开拓或准备时进行区域预测。通过预测，把煤层划分为突出煤层和非突出煤层。突出煤层经区域预测后被划分为突出危险区、突出威胁区和无突出危险区。在突出危险区域内，进行采掘前，要进行工作面预测，定出突出危险工作面和无突出危险工作面。在工作面推进过程中，还要进行工作面预测，以预测工作面附近煤体的突出危险性。各种预测均是根据不同的指标及其临界值划分突出危险性的。

2. 防治突出措施

防治突出措施有区域性措施和局部性措施。区域性措施有开采保护层和预抽煤体瓦斯，它可以使大面积煤层失去突出危险性。局部防突措施有多种，它只能防止局部地点的瓦斯突出。

3. 防治突出措施的效果检验

采取防治突出措施后，还要对其防突效果进行检验。根据预测突出危险性指标的变化情况进行判定。当预测指标低于突出危险临界值，认为防突措施有效并经检验证实措施有效后，还须采取安全防护措施才能进行采掘作业。

4. 安全防护措施

安全防护措施旨在保护揭穿突出煤层工作面和突出煤层采掘

工作面作业的矿工的人身安全。它包括震动爆破、远距离放炮、构筑避难所（硐室）、压风自救系统和配备隔离式（压缩氧或化学氧）自救器5项内容。每名作业人员必须熟悉安全防护措施各项内容，熟练使用相关设施和设备。

第七节　在有突出危险的煤层采煤的基本要求

在有突出煤层中工作的区、队长，应由从事采掘工作不少于3年的工程技术人员或经过专门培训并考试合格的人员担任。

在突出地点工作的人员，必须经过专门训练，掌握防治突出的基本知识，熟悉突出的各种预兆，熟悉井下的避灾路线。

开采突出危险的煤层时，必须进行专门设计，并规定保护层、煤层开采顺序，开拓方式，采煤方法，支架形式以及防治突出的措施。

突出煤层采掘工作面必须有独立的通风系统，并设专人检查瓦斯。该区域要安设直通矿调度室的电话，发现有突出危险时，立即撤出人员。在突出危险地区工作的人员必须佩戴隔离式自救器。

在有突出危险性的煤层中进行采掘工作时，在一个或相邻的两个采区中，同一煤层的同一区段，禁止布置两个工作面同时相向回采，禁止两个工作面同时相向掘进。在有突出危险煤层中的掘进工作面，应在其进风侧的巷道中设置两道坚固的反向风门，并保持回风巷道畅通无阻。

在突出煤层的采掘工作面附近的进风巷中，必须设置有供给压缩空气设施的避难硐室或急救袋；其回风巷中，如有人作业，也应设置。

在突出煤层的巷道中更换、维修或回收支架时，必须采取预防煤体垮落而引发突出的措施。

清理突出的煤炭时，应当制定防煤尘、防片帮、防冒顶、防瓦斯超限和防火源的安全技术措施。突出孔洞应当及时充填、封闭严实或者进行支护。当恢复采掘作业时，应当在其附近 30 米范围内加强支护。

第八节　发生瓦斯爆炸、煤尘爆炸的条件和因素

一、瓦斯爆炸的条件

瓦斯爆炸必须同时具备以下几个条件：

1. 瓦斯浓度。矿井瓦斯是否能爆炸，首先取决于瓦斯浓度。与空气混合，按体积计算，瓦斯浓度在 5%~16% 时具有爆炸性，其中 9.5% 在理论上是最猛烈的爆炸浓度。瓦斯爆炸界限不是固定不变的。如果有别的可燃性气体或煤尘混入，或温度、压力增加后，瓦斯爆炸界限就会扩大。惰性气体（二氧化碳或氮气）混入后，可使瓦斯爆炸的界限缩小。

2. 火源。井下煤炭自燃、明火、电气火花、架线机车火花、吸烟以及摩擦、撞击和放炮产生的火花都可以点燃瓦斯。在井下防止各种火源的出现，对防止瓦斯爆炸是十分重要的。因此，任何人都应自觉地不把火种带到井下，不在井下吸烟，不随意拆开矿灯（见表 8-2）。

表 8-2　中国 1970 年~1979 年瓦斯煤尘爆炸事故火源分类

火源类别	次数	百分比
放炮	24	27.6
电器设备	49	56.3
煤炭自燃	4	4.6
摩擦火花	6	5.9
吸烟	4	6.6
总计	87	100.0

3. 空气中的氧气含量。在空气与瓦斯混合的气体中，如果氧气含量低于 12%，混合气体就失去了爆炸性。在正常生产的矿井中，不可能采用降低空气中氧气含量的办法来防止瓦斯爆炸，而且《煤矿安全规程》规定，井下工作地点的氧气含量不得低于20%。对于已封闭的火区或正在处理中的火区，尤其是对高瓦斯矿井的火区，可以采用注入惰性气体，降低氧气含量的方法来防止瓦斯爆炸。

二、煤尘爆炸的条件

在煤炭生产过程工作面和巷道中会产生飞扬着的煤粉。煤尘污染空气，影响矿工身体健康，在空气中达到一定浓度时遇火会引起爆炸造成灾害。一方面，煤尘爆炸往往是由瓦斯爆炸引起的；另一方面，有煤尘参与时，小规模的瓦斯爆炸可能演变为大规模的爆尘瓦斯爆炸事故，造成更为严重的后果。我国大多数煤矿属于具有煤尘爆炸危险的矿井。

在煤矿生产过程中产生粉尘的主要环节有：电钻或风钻打眼、放炮、风镐或机械采煤、人工或机械装渣、人工攉煤、放顶煤开采的放煤作业、工作面放顶及假顶下的支护、自溜运输、运输设备的转载以及提升卸载等。井下粉尘较多的地点有：采煤和掘进工作面、自溜运输巷道、刮板输送机和带式输送机的转载点、煤仓和溜煤眼的上下口及井口的卸载点（见表 8–3）。

表 8–3　中国 1970 年~1979 年瓦斯煤尘爆炸事故地点分类

地点	次数	百分比
采煤工作面	43	49.4
掘进工作面	41	47.1
材料上山	2	2.3
溜煤眼	1	1.2
总计	87	100.0

煤尘爆炸必须同时具备三个条件：煤尘本身具有爆炸性；煤尘必须悬浮于空气中，并达到一定的浓度；存在能引燃煤尘爆炸

的高温热源。

1. 煤尘的爆炸性。煤尘具有爆炸性是煤尘爆炸的必要条件。煤尘爆炸的危险性必须经过试验确定。

2. 悬浮煤尘的浓度。井下空气中只有悬浮的煤尘达到一定浓度时，才可能引起爆炸，单位体积中能够发生煤尘爆炸的最低和最高煤尘量称为下限和上限浓度。低于下限浓度或高于上限浓度的煤尘都不会发生爆炸。煤尘爆炸的浓度范围与煤的成分、粒度、引火源的种类和温度及试验条件等有关。一般说来，煤尘爆炸的下限浓度为 30 克/立方米~50 克/立方米，上限浓度为 1000 克/立方米~2000 克/立方米。其中爆炸力最强的浓度范围为 300 克/立方米~500 克/立方米。

一般情况下，浮游煤尘达到爆炸下限浓度的情况是不常有的，但是爆破、爆炸和其他震动冲击都能使大量落尘飞扬，在短时间内使浮尘量增加，达到爆炸浓度。因此，确定煤尘爆炸浓度时，必须考虑落尘这一因素。

3. 引燃煤尘爆炸的高温热源。煤尘的引燃温度变化范围较大，它随着煤尘性质、浓度及试验条件的不同而变化。我国煤尘爆炸的引燃温度在 610℃~1050℃之间，一般为 700℃~800℃。这样的温度条件，几乎一切火源均可达到，如爆破火焰、电气火花、机械摩擦火花、瓦斯燃烧或爆炸、井下火灾等。根据 20 世纪 80 年代的统计资料，由于放炮和机电火花引起的煤尘爆炸事故分别占总数的45%和 35%。

【案例】1999 年 8 月 24 日，河南省某矿由于经营十分困难拖欠电费，市供电有限公司采取强行停电 10 分钟，导致全矿停风，采空区内积存的大量高浓度瓦斯涌出，遇到 2504 火区明火，引起瓦斯爆炸；瓦斯爆炸冲击波荡起煤尘，继而引起巷道沉积的煤尘爆炸。据调查，事故发生时明显受到二次冲击波伤害，现场多处出现结焦物。

第九节　瓦斯、煤尘爆炸的危害

一、瓦斯爆炸的危害

1. 瓦斯爆炸的化学反应过程

瓦斯爆炸是一定浓度的甲烷和空气中的氧气在高温热源的作用下发生激烈氧化反应的过程，最终的化学反应式为：

$$CH_4 + 2O_2 = CO_2 + 2H_2O$$

如果煤矿井下氧气（O_2）不足，反应的最终式为：

$$CH_4 + O_2 = CO + H_2 + H_2O$$

矿井瓦斯爆炸是一种热链反应过程（也称连锁反应）。当爆炸混合物吸收一定能量后，反应分子的链即行断裂，离解成两个或两个以上的游离基（也称自由基）。这类游离基具有很大的化学活性，成为反应连续进行的活化中心。在适合的条件下，每一个游离基又可以进一步分解，再产生两个或两个以上的游离基。这样循环不已，游离基越来越多，化学反应速度也越来越快，最后就可以发展为燃烧或爆炸式的氧化反应。

2. 瓦斯爆炸的产生与传播过程

爆炸性的混合气体与高温火源同时存在，就将发生瓦斯的初燃（初爆）。初燃产生以一定速度移动的焰面，焰面后的爆炸产物具有很高的温度，由于热量集中而使爆源气体产生高温和高压并急剧膨胀而形成冲击波。如果巷道顶板附近或冒落孔内积存着瓦斯，或者巷道中有沉落的煤尘，在冲击波的作用下，它们就能均匀分布，形成新的爆炸混合物，使爆炸过程得以继续下去。

爆炸时由于爆源附近气体高速向外冲击，在爆源附近形成气体稀薄的低压区，于是产生反向冲击波，使已遭破坏的区域再一次受到破坏。如果反向冲击波的空气中含有足够的甲烷和氧气，而火源又未消失，就可以发生第二次爆炸。此外，瓦斯涌出较大的矿井，如果在火源熄灭前，瓦斯浓度又达到爆炸浓度，也能发生再次爆炸。

3. 瓦斯爆炸的危害

矿井瓦斯爆炸的有害因素是高温、冲击波和有害气体。

焰面是巷道中运动着的化学反应区和高温气体，其速度大、温度高。从正常的燃烧速度（1 米/秒~2.5 米/秒）到爆轰式传播速度(2500 米/秒)，焰面温度可高达 2150 摄氏度~2650 摄氏度。焰面经过之处，人被烧死或大面积烧伤，可燃物被点燃而发生火灾。

冲击波锋面压力由几个大气压到 20 个大气压，前向冲击波叠加和反射时可达 100 个大气压。其传播速度总是大于声速，所到之处造成人员伤亡，设备和通风设施损坏，巷道垮塌。

瓦斯爆炸后生成大量有害气体，其中一氧化碳浓度可达 2%~4%。人体吸入气体中一氧化碳含量超过 0.01%，有急性中毒危险，主要是会引起的急性脑缺氧性疾病。一氧化碳中毒往往成为瓦斯爆炸后人员大量伤亡的主要原因。

二、煤尘爆炸的危害

1. 煤尘爆炸同样会产生形成高温、高压和冲击波，由于煤尘爆炸具有很高的冲击波速，能将巷道中落尘扬起，甚至使煤体破碎形成新的煤尘，导致新的爆炸。有时可如此反复多次，形成连续爆炸，这是煤尘爆炸的重要特征。

2. 煤尘爆炸时产生的一氧化碳，在灾区气体中浓度可达 2%~3%，甚至高达 8%左右，爆炸事故中受害者的大多数（70%~80%）是由于一氧化碳中毒造成的。

第十节　瓦斯爆炸的预防措施

一、防止瓦斯积聚和超限

瓦斯爆炸必须同时具备三个条件：瓦斯浓度在爆炸范围内

（5%~16%）、火源和氧气浓度（大于12%）。第三个条件在井下是始终具备的，因此预防瓦斯爆炸的措施，主要在于消除前两个条件。

1. 保持有效通风

有效地通风是防止瓦斯积聚的最基本最有效方法。瓦斯矿井必须做到风流稳定，有足够的风量和风速，避免循环风，局部通风机风筒末端要靠近工作面。放炮时间内也不能中断通风，向瓦斯积聚地点加大风量和提高风速等等。

（1）建立完善合理的通风系统。要做到稳定、连续的向井下所有用风地供风，并保持足够风量，以保证及时排除和冲淡矿井瓦斯和其他有害气体，使井下各处的瓦斯浓度及其他有害气体的浓度降到《煤矿安全规程》中的要求。

（2）实行分区通风。各水平、各采区要有单独的回风巷，以使通过采掘面的污浊风流直接进入采区回风巷或矿井的总回风道，不得串联通风。

（3）维护好通风设施。为保证矿井正常通风，及时关闭风门，以免造成风流短路。应在井下适当位置设置控制风流的设施和设备，如风门、风桥、挡风墙、调节风窗、局部通风机和风筒等。这些通风设施要及时建筑和安设，并保持规格质量，经常检查维修，保持完好，及时调节有效风量。

（4）加强局部通风管理。局部通风机和启动装置必须安装在新鲜风流中，距回风口不得小于10米。风筒吊挂要平直，拐弯处设弯头或缓慢拐弯，不能拐死弯。风筒应无破口，接头应严密不漏风，异径风筒要设过渡节，先大后小，不能花接。掘进面中的局部通风机要实行"三专"（专用变压器、专用开关、专用线路），"两闭锁"（风电闭锁、瓦斯电闭锁）供电；局部通风机要挂牌指定专人管理或派专人看管，局部通风机不准任意开停。停风后的工作面，都必须进行排放瓦斯工作，只有经过排放后，才能恢复正常通风。瓦斯浓度符合规定值后，方可入内进行作业。

【案例 1】1998 年 1 月 24 日，某矿北翼 121 采区 2102 综采放顶工作面正在安装采煤设备。2102 工作面边上山设置两道临时调节风门，一道风门处于开启状态，另一道风门经常开启，使上山风流短路，工作面风量大量减少，支架顶部冒落区内瓦斯积聚，达到爆炸界限。与工作面支架顶部煤层自燃发火产生的高温火点引起特别重大瓦斯爆炸事故，死亡 78 人，受伤 7 人，直接经济损失 704.39 万元。

【案例 2】2007 年 12 月 5 日，山西省某矿由于通风系统混乱，采掘工作面互相串联通，有的无风，爆破火花引爆瓦斯，煤尘参与爆炸，造成 105 人死亡。

【案例 3】1997 年 11 月 13 日，安徽省某矿采用一台局部通风机向两个掘进工作面供风，另一台局部通风机又向其中的一个掘进工作面供风，这种"1 台供 2 面、2 台供 1 面"的通风方法，管理十分困难。结果其中一个掘进工作面风量不足，爆破引燃积聚的瓦斯，继而又连续发生 7 次瓦斯、煤尘爆炸，造成 88 人死亡。

【案例 4】2002 年 6 月 20 日，黑龙江省某矿 145 采煤工作面的临时水仓，由于没有形成全风压通风的通风系统，利用局部通风机进行通风。局部通风机突然停止运转，无风状态长达 42 分钟，造成瓦斯积聚。此时潜水泵开关失爆，启动时产生电弧引燃瓦斯，造成爆炸，导致 124 人死亡，24 人受伤。

2. 加强瓦斯检查

瓦斯矿井，尤其是高瓦斯矿井必须加强瓦斯检查与监测的管理工作。加强瓦斯检查的主要内容：

（1）建立健全瓦斯检查制度。各矿井都必须按《煤矿安全规程》的规定，建立健全符合本单位具体情况的瓦斯检查制度。对可能涌出和积聚瓦斯的采掘面、巷道、硐室或其他作业地点必须进行巡回检查，对各处的瓦斯变化情况要有详细记载，以指导安全生产。

（2）配备足够的瓦检人员。凡有瓦斯涌出的矿井，都应该按规定和实际工作的需要配备一定数量的瓦斯检查专职人员，并经业务培训，考试合格后持证上岗工作。

（3）瓦检员要尽职尽责。首先，瓦检员必须遵章守纪，不准空、漏、假检，必须在井下指定地点交接班，按分工负责的区域和检查次数的规定进行定时间、定路线、定地点的认真巡回检查工作，做到检查手册、井下检查牌板和调度台账"三对口"；其次，瓦检员必须对分担区域内的通风、瓦斯、防尘、防火等情况进行全面认真地检查，发现瓦斯超限、积聚或其他异常情况，要立即停止危险地点作业，撤出人员，向有关领导汇报并积极采取措施处理；瓦检员还应做到坚持原则、不徇私情，对任何违章指挥、违章作业的现象，应予以坚决抵制和制止。

（4）严格按规定次数检查。要坚持和严格执行《煤矿安全规程》关于检查瓦斯次数的规定：高瓦斯矿井的所有采掘面每小班至少检查 3 次；低瓦斯矿井的采掘工作面每小班至少检查 2 次；对本班没有进行的工作面，每小班至少到工作面检查 1 次，有关硐室和巷道的瓦斯检查及检查次数由矿技术负责人决定。任何地点每次检查结果，都必须记入瓦斯检查手册和检查地点的记录牌上，并通知现场的工作人员和向调度汇报。

（5）加强爆破作业时的瓦斯检查。据统计，发生在爆破时的瓦斯爆炸事故占瓦斯爆炸事故总数的 35% 以上，因此，加强爆破前后的瓦斯检查，防止瓦斯积聚，是防止这类爆炸事故发生的重要环节。要严格执行"三人连锁爆破制"和"一炮三检制"。

（6）加强恢复通风的瓦斯检查。矿井因各种原因在主要通风机停止运转或通风系统遭到破坏后，有恢复通风、排放瓦斯和送电的安全措施。恢复通风后，所有受到停风影响的地点，都必须进行瓦斯检查，证实无危险后，方可恢复工作；所有安装电动机及电气开关地点附近 20 米距离以内的巷道内，也都必须检查瓦斯，符合有关规定，方可开动机器。采掘工作面停风后必须检查瓦斯，确定排放等级，严格执行排放措施，排放后，还要检查瓦斯，确认符合规定后方可入内工作。

(7) 加强高顶、盲巷和机电设备附近的瓦斯检查。由于瓦斯比空气轻，存在于巷道空间的上部，因此，在检查瓦斯过程中，要特别注意巷道顶板、高顶（或冒顶）处的瓦斯积存情况。对较高、较大的冒顶，要设置扶梯，定期专人进行检查，并将检查时间、结果及检查人等填入设在高顶检查牌板上。

(8) 煤矿井下的机电设备，尤其高、突瓦斯矿井的机电设备，都应安设在新鲜风流中；对于经允许设在回风流中的临时机电设备，必须严加管理。除了安设瓦斯监控传感器之外，还要设置"瓦斯检查牌板"，定期专人进行检查，当附近 20 米内瓦斯含量达到 0.5%时，要立即停止设备运转，切断电源，进行有效处理。

(9) 严格控制风流瓦斯浓度。《煤矿安全规程》对井下各有关地点的瓦斯浓度以及瓦斯浓度超限时应采取的措施，都作了明确规定，必须严格遵守、执行。

3. 及时处理局部积存的瓦斯

生产中容易积存瓦斯的地点有：采煤工作面上隅角，独头掘进工作面的巷道隅角，顶板冒落的空洞内，低风速巷道的顶板附近，停风的盲巷中，综放工作面放煤口及采空区边界处，以及采掘机械切割部分周围等等。及时处理局部积存的瓦斯，是矿井日常瓦斯管理的重要内容，也是预防瓦斯爆炸事故，搞好安全生产的关键工作。

(1) 采煤工作面上隅角瓦斯积聚的处理

处理采煤工作面上隅角瓦斯积聚的方法很多，大致可以分为以下几种：

①上隅角设风障。迫使一部分风流流经工作面上隅角，将该处积存的瓦斯冲淡排出。此法多用于工作面瓦斯涌出量不大（小于

119

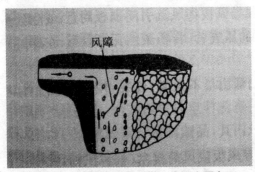

图 8-1 迫使风流经采煤工作面上隅角

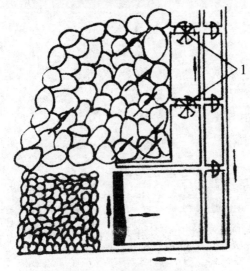

1-打开的密闭墙
图 8-2 改变采空区漏风方向

2 立方米/分钟~3 立方米/分钟），上隅角瓦斯浓度超限不多时。具体做法是在工作面上隅角附近设置木板隔墙或帆布风障。（见图 8-1）

②全负压引排法。在瓦斯涌出量大、回风流瓦斯超限，煤炭无自燃发火危险而且上区段采空区之间无煤柱的情况下，可控制上阶段的已采区密闭墙漏风，改变采空区的漏风方向，将采空区的瓦斯直接排入回风道内。（见图 8-2）

③上隅角排放瓦斯。最简单的方法是每隔一段距离在上隅角设置木板隔墙（或风障），敷设铁管利用风压差，将上隅角积聚的瓦斯排放到回风口 50 米~100 米处。如风筒两端压差太小，排放瓦斯不多时，可在风筒内设置高压水的或压气的引射器，提高排放效果。（见图 8-3）

在工作面绝对瓦斯涌出量超过 5 立方米/分钟~6 立方米/分钟的情况下，单独采用上述方法，可能难以收到预期效果，必须进行邻近层或开采煤层的瓦斯抽放，以降低整个工作面的瓦斯涌出量。

（2）综采工作面瓦斯积聚的处理

综采及综放工作面由于产量高，进度快，不但瓦斯涌出量大，而且容易发生回风流中瓦

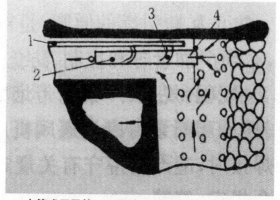

1-水管或压风管；2-风筒；3-喷嘴；4-隔墙或风障

图 8-3 上隅角排放瓦斯

斯超限和机组附近瓦斯积聚。处理高瓦斯矿井综采工作面的瓦斯涌出和积聚，已成为提高工作面产量的重要任务之一。目前采用的措施有：

①加大工作面风量。扩大风巷断面与控顶宽度，改变工作面的通风系统，增加进风量。

②防止采煤机附近的瓦斯积聚。可采取下列措施：

增加工作面风速或采煤机附近风速。国外有些研究认为，只要采取有效的防尘措施，工作面最大允许风速可提高到 6 米/秒。工作面风速不能防止采煤机附近瓦斯积聚时，应采用小型局部通风机或风、水引射器加大机器附近的风速。

采用下行风防止采煤机附近瓦斯积聚更容易。

（3）顶板附近瓦斯层状积聚的处理

如果瓦斯涌出量较大，风速较低（小于 0.5 米/秒），在巷道顶板附近就容易形成瓦斯层状积聚。层厚由几厘米到几十厘米，层长由几米到几十米。层内的瓦斯浓度由下到上逐渐增大。据统计，英国和德国瓦斯燃烧事故的 2/3 发生在顶板瓦斯层状积聚的地点。预防和处理瓦斯层状积聚的方法有：

①加大巷道的平均风速，使瓦斯与空气充分地紊流混合。一般认为，防止瓦斯层状积聚的平均风速不得低于 0.5 米/秒~1 米/秒。

②加大顶板附近的风速。如在顶梁下面加导风板将风流引向顶板附近，或沿顶板铺设风筒，每隔一段距离接一短管，或铺设接有短管的压气管，将积聚的瓦斯吹散。在集中瓦斯源附近装设引射器。

③将瓦斯源封闭隔绝。如果集中瓦斯源的涌出量不大时，可采用木板和勃土将其填实隔绝，或注入砂浆等凝固材料，堵塞较大的裂隙。

(4) 顶板冒落孔洞内积存瓦斯的处理

常用的方法有，用砂土将冒落空间填实；用导风板或风筒接岔（俗称风袖）引入风流吹散瓦斯。

(5) 如果需要恢复有大量瓦斯积存的盲巷或打开密闭时要特别慎重，必须制定专门的排放瓦斯安全措施。

4. 抽放瓦斯

这是瓦斯涌出量大的矿井或采区防止瓦斯积聚的有效措施。

在一些高瓦斯矿井，例如，山西阳泉煤矿综采工作面的瓦斯涌出量为 40 立方米/分钟，国外个别工作面高达 80 立方米/分钟~100 立方米/分钟。在此情况下，单纯采用通风的方法难以把工作面的瓦斯浓度控制在允许的范围内，必须采取瓦斯抽放措施，即通过打钻，利用钻孔（或巷道）、管道和真空泵将煤层或采空区内的瓦斯抽至地面，有效地解决回采区瓦斯浓度超限问题。目前，很多高瓦斯矿井都建立了瓦斯抽放设施。

抽放瓦斯的方法，按瓦斯的来源分为开采煤层的抽放，邻近层抽放和采空区抽放三类；按抽放的机理分为未卸压抽放和卸压抽放两类；按汇集瓦斯的方法分为钻孔抽放、巷道抽放和巷道与钻孔综合法三类。抽放方法的选择必须根据矿井瓦斯涌出来源的调查，考虑自然的与采矿的因素和各种抽放方法所能达到的抽放率。

二、防止瓦斯引燃

防止瓦斯引燃的原则，是对一切非生产必需的热源，要坚决禁绝。对生产中可能发生的热源，必须严加管理和控制，防止它的发生或限定其引燃瓦斯的能力。《煤矿安全规程》规定，严禁携带烟草和点火工具下井；井下禁止使用电炉，禁止拆开矿灯；井口房、抽放瓦斯泵房以及通风机房周围20米内禁止使用明火；井下需要进行电焊、气焊和喷灯焊接时，应严格遵守有关规定，对井下火区必须加强管理；瓦斯检定灯的各个部件都必须符合规定等等。

1. 采用防爆的电气设备。目前广泛采用的是隔爆外壳。既将电机、电器或变压器等能发生火花、电弧或赤热表面的部件或整体装在隔爆和耐爆的外壳里，即使壳内发生瓦斯的燃烧或爆炸，不致引起壳外瓦斯事故。对煤矿的弱电设施，根据安全火花的原理，采用低电流、低电压，限制火花的能量，使之不能点燃瓦斯。

2. 高瓦斯或煤与瓦斯突出的掘进工作面，必须实现"三专两闭锁"。供电闭锁装置和超前切断电源的控制设施，对于防止瓦斯爆炸有重要的作用。因此，局部通风机和掘进工作面内的电气设备，必须有延时的风电闭锁装置。煤层掘进工作面，串联通风进入串联工作面的风流中，综采工作面的回风道内，倾角大于12度并装有机电设备的采煤工作面下行风流的回风流中，以及回风流中的机电硐室内，都必须安装瓦斯自动检测报警断电装置。

3. 在有瓦斯或煤尘爆炸危险的煤层中，采掘工作面只准使用煤矿安全炸药和瞬发雷管。如使用毫秒延期电雷管，最后一段的延期时间不得超过130毫秒。在岩层中开凿井巷时，如果工作面中发现瓦斯，应停止使用非安全炸药和延期雷管。钻孔、放炮和封泥都必须符合有关规程的规定。爆破必须严格执行"一炮三检"（装药前、爆破前、爆破后检查瓦斯）和"三人连锁放炮"制（爆破工、班组长、瓦检员）。必须严格禁止放糊炮，明火放炮和一次装药分次放炮，正确处理瞎炮。

炮掘工作面采用喷雾爆破技术防止瓦斯煤尘爆炸的试验已经取得了成功。其实质是在放炮前数分钟和爆破时，通过喷嘴使水雾化，在掘进工作面最前方形成一个水雾带，造成局部缺氧，降低煤尘浓度，隔绝火源，抑制瓦斯连锁反应，从而达到防止瓦斯、煤尘爆炸的目的。

4. 防止机械摩擦火花，如截齿与坚硬夹石（如黄铁矿）摩擦，金属支架与顶板岩石（如砂岩）摩擦，金属部件本身的摩擦或冲击等等。国内外都在对这类问题进行广泛的研究，公认的措施有：禁止使用磨钝的截齿；截槽内喷雾洒水；禁止使用铝或铝合金制作的部件和仪器设备；在金属表面涂以各种涂料，如苯乙烯的醇酸或丙烯酸甲醛脂等，以防止摩擦火花的发生。

5. 高分子聚合材料制品，如风筒，运输机皮带和抽放瓦斯管道等，由于其导电性能差，容易因摩擦而积聚静电，当其静电放电时就有可能引燃瓦斯、煤尘或发生火灾。因此，煤矿井下应该采用抗静电阻燃的聚合材料制品。

第十一节　煤尘爆炸的预防措施

煤尘爆炸的预防措施有如下几个方法：

1. 建立完善的防尘供水系统。必须在矿井中建立完善的供水系统，没有防尘供水管路的采掘工作面不得生产。主要运输巷、带式输送机斜井与平巷、上山与下山、采区运输巷与回风巷、采煤工作面运输巷与回风巷、掘进巷道、煤仓放煤口、溜煤眼放煤口和卸载点等地点都必须敷设防尘供水管路，并安设支管和阀门。防尘用水都应当过滤。

2. 煤层注水防尘。通过煤层中的钻孔将水压入尚未采落的煤体中就是煤层注水。使水均匀地分布在煤体的无数细微裂隙和孔隙内，这样做的目的是为了起到预先湿润的目的，从而减少开采过程中煤尘的生成量。采空区灌水可使水渗入下部待采煤层预先使煤体湿润。

3. 炮采工作面防尘。炮采工作面要采用湿式打眼，使用水炮泥；爆破前、后应冲洗煤壁，爆破时应喷雾降尘，出煤时洒水。

4. 防止沉积煤尘再次飞扬。井巷中沉积煤尘再次飞扬起来，很容易使巷道空间的浮游煤尘浓度达到爆炸界限而发生或扩大爆炸，常造成区域性或全矿性特大恶性事故。清扫、冲洗，撒布岩粉和黏结是处理井巷沉积煤尘的主要方法。

5. 预防和隔绝煤尘爆炸。有煤尘爆炸危险煤层的矿井在开采过程中，必须有预防和隔绝煤尘爆炸的措施，一般隔爆水槽和岩粉棚的方法是比较常用的。

第十二节 井下发生瓦斯、煤尘爆炸事故时的自救避灾

一、防止瓦斯爆炸灾害事故扩大的措施

万一发生爆炸，应使灾害波及范围局限在尽可能小的区域内，以减少损失，为此应该：

1. 编制周密的预防和处理瓦斯爆炸事故计划，并对有关人员贯彻这个计划。

2. 实行分区通风。各水平、各采区都必须布置单独的回风道，采掘工作面都应采用独立通风。这样一条通风系统的破坏将不致影响其他区域。

3. 通风系统力求简单。应保证当发生瓦斯爆炸时入风流与回风流不会发生短路。

4. 装有主要通风机的出风井口，应安装防爆门或防爆井盖，防止爆炸波冲毁通风机，影响救灾与恢复通风。

5. 防止煤尘事故扩大的隔爆措施，同样也适用于防止瓦斯爆炸。我国新近研制出自动隔爆装置，其原理是传感器识别爆炸火焰，并向控制仪给出测速（火焰速度）信号，控制仪通过实时运算，在恰当的时候启动喷洒器快速喷洒消焰剂，将爆炸火焰扑灭，阻止爆炸传播。

二、发生瓦斯、煤尘爆炸事故时的避灾方法：

1. 当井下发生瓦斯、煤尘爆炸事故时会产生较大的爆炸声和空气冲击波，还会瞬时产生高温和火焰，同时产生大量有毒有害气体。这时在现场和附近巷道的工作人员千万不可惊慌失措，一定要沉着，也不要乱喊乱跑，应积极自救。要迅速背向空气震动的方向，脸向下卧倒，头要尽量低些，用湿毛巾捂住口鼻，用衣服等物盖住身体，使身体的外露部分尽量减少。如巷道内有水沟或水坑，则应顺势趴入水中，头部歪向一侧。要迅速按照操作方法把自救器戴好，辨清方向，沿避灾路线尽快进入新鲜风流离开灾区。在爆炸的一瞬间，要尽可能屏住呼吸，防止吸入大量的高温有害气体。

2. 矿内人员应想到自己所在的位置和巷道名称，要迅速辨清方向，按照避灾路线以最快速度赶到新鲜风流方向。如遇巷道破坏严重，发生冒顶无法撤离，或者一时还弄不清楚避灾路线，就要设法找到永久避难硐室。或自己构筑临时避难硐室，或到较安全的地方去暂时躲避，安静、耐心地等待救护，不可无目的乱闯。撤离中，要由有经验的老工人带领同行。避灾中，每个人都要自觉地遵守纪律，听从指挥，并严格控制矿灯的使用。要主动照顾好受伤的人员，还要时时敲打铁道或铁管，发出呼救信号，并派有经验的老工人（至少两人同行）出去侦察。如有可能，要寻找电话及早同地面取得联系。

第九章　电气事故的预防及处理

第一节　矿井安全用电制度

1. 工作票制度。凡井下高压电气设备的检修都要使用工作票。依据中华人民共和国水利电力部颁发的《电工安全作业规程》的规定，工作票分为三种：第一种工作票、第二种工作票和口头或电话命令。井下高压电气设备的检修采用第一种工作票。

2. 工作许可制度。对地面变电站电源进线及与进线有关的电气设备进行操作检修时，必须得到主管部门调度的批准。对地面和井下高压电气设备操作检修时，必须经矿生产调度的许可方可进行。许可开始的命令，必须通知到工作负责人，其方式可采用当面通知，电话传达，派人传递等方式。

3. 工作监护制度：

（1）完成工作许可手续后，工作负责人应向工作人员交代现场安全措施、带电部位和其他注意事项，工作负责人必须始终在工作现场对工作人员的安全认真监护，及时纠正不安全动作。

（2）工作票签发人和工作负责人，对有触电危险的，施工复杂容易发生事故的工作，应增设专人监护。专职监护人不得兼做其他工作。

（3）倒闸操作和井下电气设备的检修，必须由两人执行，其中一人监护，一人操作。由对操作现场和设备比较熟悉，级别较高的人做监护人；特别重要和复杂的倒闸操作，由熟练的值班员操作，由值班班长或值班负责人监护；在进行高压试验时，应由两人执行，一人操作一人监护。专职监护人员不得兼做其他工作。

4. 停送电制度。严格执行停送电制度，中间不得换人，在无人值班的变电所，停电后应设专人看守。严禁约时停、送电，严禁约定信号停、送电。

5. 验电、放电、接地、挂牌制度：

（1）验电前，应先检查周围的瓦斯浓度，当瓦斯浓度低于1%时，用与电源电压相适应的验电笔验电。

（2）当验明确实停电后，用短路接地线先接地，然后将被检修的设备、导线三相短路。

（3）工作前，应将电气设备的闭锁装置锁好，并挂上"禁止合闸，有人工作"的警示牌。

6. 工作防止送电的措施：

（1）高压防爆配电装置停电后，必须把开关拉出，使插销脱离电源。拔出插销后，电源侧要用专用的挡板挡住，以防触电和误推入开关。

（2）可能从两侧送电的设备，必须可靠地断开各方电源，拔出插销或拉开刀闸。

（3）低压防爆开关在开盖进行检修时，严禁解除闭锁，不关盖进行送电试验或进行其他带电检修工作。

7. 井下用电十不准制度：

（1）不准带电检修、搬迁电气设备、电线、电缆。

（2）不准甩掉无压释放器、过电流保护装置。

（3）不准甩掉漏电继电器、煤电钻综合保护装置和局部通风机风电、瓦斯电闭锁装置。

（4）不准明火操作，明火打点，明火放炮。

（5）不准用铜丝、铝丝、铁丝等代替熔丝。

（6）停风、停电的采掘工作面，未检查瓦斯，不准送电。

（7）有故障的线路不准强行送电。

（8）电气设备的保护装置失灵后，不准送电。

（9）失爆的设备和电器，不准使用。

（10）不准在井下拆卸和敲打矿灯。

第二节 井下常见的漏电故障种类

由于井下特殊的工作性质，漏电故障常有发生，一般常见的有：

（1）电气设备在运行中绝缘部分受潮，进水或电缆长期浸泡在水中，使绝缘电阻下降到危险值或以下，造成一相接地漏电。

（2）电缆由于受机械或其他外力的挤压、砍砸、磨损，过度弯曲等而产生裂口或缝隙，长期受潮或受水分侵蚀，使绝缘损坏而漏电。

（3）矿用橡套电缆因遭砍砸、挤压或针刺，造成火线与地线直接接通或火线通过屏蔽层与地线接通，或者是通过潮气形成漏电通道，甚至使导电芯线裸露。

（4）在连接电缆与电气设备时，由于火线接头压接不牢，封堵不严，接线嘴压板不紧，移动时接头脱落，造成一根火线与外壳搭接，或接头发热烧坏导致漏电。

（5）电气设施内部的连接线头脱落、长期超负荷运行等使绝缘损坏造成一相火线接外壳导致漏电。

（6）维修电气设备时，由于停错电、送错电或施工不慎造成人身触及一相火线导致漏电。

（7）维修电气设备时，由于工作马虎，将工具、导电材料和导电物件遗留在设备内，造成一相火线接外壳导致漏电。

（8）随意在电气设备内部添加安装其他部件，使带电部分与外壳之间的电气距离小于规定值，也会导致火线对外壳漏电接地。

（9）在连接电气设备与电缆过程中，由于接错线，使一相火线接外壳导致漏电。

第三节　井下常见触电事故的预防和处理

一、电击和电伤

在井下，由于空气潮湿。空间狭窄，照明不足，电气设备容易被压、被砸而损坏绝缘，因而发生人员触电事故。按照对人体的伤害程度，触电可分为电击和电伤。

（1）电击是触电电流对人体内部组织的损伤。人触电后，身体成为电路的一部分，电流流经人体引起热化学作用，电解血液并影响人的呼吸、心脏及神经系统，造成人体内部组织的损伤和破坏，导致伤残或死亡。电击通常也称为内伤，在触电事故统计中有近 85%以上的触电死亡事故是由电击造成的，所以说电击是最危险的触电事故。

（2）电伤是电流的热效应、化学效应和机械效应对人体造成的伤害。电伤包括电流的灼伤和电弧烧伤，皮肤金属化、电烙印、机械性损伤等。在触电事故中，85%以上的电击死亡事故含有电伤的成分。

二、井下常见的触电事故

（1）人身直接接触破损漏电的绝缘皮或设备金属外壳，造成触电。

（2）停电检修时，由于停错电或维修完毕后送错电而造成维修人员触电。

（3）误送电也会造成触电。

（4）不遵守有关规程规定而进行带电作业，也会造成触电。

（5）在停车场乘坐煤车时，电车的直流架空线没有断电，或违章爬乘煤车时触及带电的架空线而触电。

（6）行走在设有电车架空线的巷道中，肩扛金属长杆或撬棍并高高翘起，以致碰到架空线而触电。

（7）高压电缆停电以后，因为电缆的电容很大，所以，仍储有大量电能，如果没有放电就去触摸带电的火线也会造成触电。

三、井下电气伤人事故的防治

1. 操作电气设备时应遵守的规定

（1）非专职人员或非值班电气人员，不得擅自操作电气设备。

（2）操作高压电气设备主回路时，操作人员必须戴绝缘手套，并必须穿电工绝缘靴或站在绝缘台上。

（3）手持式电气设备的操作手柄和工作中必须接触的部分必须有良好的绝缘。

2. 井下人身触电的预防措施

（1）带电裸导体应按规定安装在一定高度，防止人身触电。如井下电机车架线自轨面起不小于2米，在井底车场不小于2.2米的规定。

（2）对容易接触到的裸露带电部分，应设防护罩或加围栏，使人体不能接近。

（3）井下电气设备的带电部分都封闭在隔爆外壳内，并正确接线；机械闭锁完善。

（4）电缆连接必须用电缆接线盒。

（5）加强手持电动工具的手把绝缘，并避免工作中损伤。

（6）井下变压器中性点不接地系统中，设置漏电保护装置和保护接地装置。

（7）严格执行安全用电的各项规定和制度。如工作票制度，工作许可制度，工作监护制度，停送电制度，倒闸操作制度等。

（8）加强电气设备的运行、维护和检查，使设备在完好状态下工作。

（9）加强对电气工作人员的安全技术教育，提高安全意识，杜绝违章作业。

3. 检修和搬迁电气设备时必须遵守的规定

(1) 井下不得带电检修,不得带电搬迁电气设备、电缆和电线。

(2) 检修或搬迁前,必须切断电源,检查瓦斯,在其巷道风流中瓦斯浓度低于 1.0% 时,再用与电源电压等级相适应的验电笔检验;检验无电后,方可进行导体对地放电。控制设备内部安装有放电装置的,不受此限。所有开关闭锁装置必须能可靠地防止擅自送电,防止擅自开盖操作,开关手把在切断电源时必须闭锁,并悬挂"有人工作、不准送电"字样的警示牌,只有执行这项工作的人员才有权取下此牌送电。

【案例】1999 年 1 月 11 日,河北省某矿采煤工作面因机组刮坏电缆,现场没有查明原因,进行处理时,甩断检漏继电器,导致机组副司机盘电缆时触电身亡。

第四节　井下电气事故产生的原因和预防

一、井下电气事故产生的原因

1. 高压电网触电事故的主要原因:①带电清扫,带电检查,带电搬运,带电作业;②没有工作票,没有安全措施,没有执行高压电网作业中停电、验电、放电等规程和要求;③误操作,误停、送电,错误辨认开关和电缆,没有执行作业监护制度,没有悬挂"有人工作,禁止送电"作业牌;④没有设置高压漏电保护装置。

2. 低压电网触电事故的主要原因:①违章带电安装,带电检修,带电检查;②不执行停送电制度,误停、送电;③用电安全技术管理有漏洞,如设备及电缆漏电,保护装置失灵而没有及时修理或更换。

3. 直流触电事故的原因:①架线高度低,不符合《煤矿安全规程》的要求；②带电修理电机车集电弓；③工人违章乘坐矿车；④矿车掉道后，使用长铁器处理时触及架线；⑤工人在有架线的巷道里扛纤子、管子等触及架线；⑥架线漏电或没有装设保护装置。

二、预防井下电气事故的几项具体措施

1. 电气设备安装前、安装好以后以及运行中，都必须按照规程规定，严格进行绝缘性能试验。对电气设备的绝缘性能进行检查试验，才可能发现绝缘性能存在的缺陷或隐患，从而提前采取措施进行处理。因此，这项工作对防止发生短路事故是非常有效的措施之一。

2. 加强日常维护、巡回检查和定期检查，使其保持良好的状态。对各种电缆线要特别注意吊挂整齐，高低符合规定，放炮时对可能崩坏的电缆线必须加装保护罩，改换支架时对电缆线也必须加以保护。

3. 加强电工的责任心，严格执行电气安全操作规程，防止误操作。

4. 严禁非专职电工进行停、送电操作。

5. 严格执行安装质量的验收和交接制度，消除可能出现的"先天不足"。

6. 杜绝"凑合"现象，发现问题或出现故障预兆，必须立即进行处理。为了防止发生短路故障后使事故范围扩大，必须按规程规定，设置必要的短路保护装置，保证在短路电流还没有造成破坏以前，就将短路电流切断。

【案例1】2005年2月14日，辽宁省某矿由于冲击地压作用使瓦斯大量涌出，掘进工作面局部停风造成瓦斯积聚达到爆炸界限，工人违章带电检修临时配电点的照明信号综合保护装置时产生电火花，引起瓦斯爆炸。这次瓦斯爆炸事故造成214人死亡，30人受伤，直接经济损失达4968.9万元。

【案例2】1996年11月27日，山西省某矿井下电工因带电检修80型开关，电火花引发瓦斯爆炸，进而振起巷道积尘，煤尘参与爆炸，造成110人死亡，4人下落不明。

【案例3】1988年5月14日，某矿北下山采区327正巷掘进工作面因出水被淹，被迫停止掘进。恢复期间通风机时开时停。5月29日，第一班掘进山队工人运输设备时，将风筒砸断，造成严重漏风，第二班掘进工人准备打眼，因磁力启动器停止按钮不能复位，煤电钻送不上电，当班工人用铁丝捆住电钻开关，松开磁力启动器闭锁螺钉，打开开关盖子，扳动手把送电，由于此时电气设备严重失爆，工人违章作业，开关内产生电火花，形成明火，引起瓦斯爆炸，当场死亡50人，伤4人。

第五节　井下常见电缆事故及其预防

一、井下电缆故障常见的有以下几种：

（1）电缆落在地上，甚至于在水中浸泡，很多人不以为然，认为是小故障。实际上，许多电缆事故都是由此引起的，如各种机械性的压、挤、刨、刺或砸等使电缆绝缘损坏而漏电或短路的事故，基本上都由此引起。

（2）电缆过度弯曲或半径过小，使电缆的铠甲裂口、铅包裂纹。铠甲裂口、铅包裂缝，必然由此浸入潮气或水分，使电缆的绝缘破坏，造成漏电。

（3）电缆吊挂位置太低，电车头或矿车掉道时将电缆碰撞坏；电缆吊挂过高，巷道顶板来压时，由于支架变形将电缆挤坏。

（4）"鸡爪子"、"羊尾巴"、明接头是造成漏电和相间短路的主要原因之一。

（5）电缆或电缆接头制作质量低劣，造成相间短路或断线。

（6）回柱绞车拉或刮板输送机的大链刮等，将电缆拉断。

（7）由于过负荷运行使电缆发热，绝缘老化而损坏。

二、井下电缆事故的预防：

（1）在设计安装时，严格按照技术规程的要求悬挂电缆，在运行中也必须注意悬挂电缆，防止损坏漏电。

（2）定时巡回检查电缆的运行情况，发现情况应立即采取防护措施。

（3）定时测定其绝缘电阻，按规定做预防性绝缘性能试验，发现问题或缺陷，及时汇报处理。

（4）必须正确地设置漏电、过负荷和短路保护装置，并保证其安全可靠。

第十章 井下运输事故的防范

第一节 井下运输的特点

井下运输的任务是输送煤炭和矸石，运送人员、材料和设备。运输环节多，设备复杂，空间小，线路长。运输环节中的事故中引发的人员伤害，在煤矿生产中占有不小的比例，必须引起注意。

井下运输有如下特点：

（1）矿井运输受限于空间的大小。井下巷道线路长，断面狭小，光线不足，潮湿，作业条件差，作业困难，事故多发。

（2）矿井运输设备具有较大流动性。运输设备安装、移动频繁，所以对安装质量要求非常高。

（3）运输设备运行速度很快，对人造成很大威胁。机车运输，当发生危险情况时，即使立即刹车，也不能立刻停住，而会因为惯性向前继续滑行一段距离。

（4）矿井运输网络状态呈多水平的立体交叉形，运输线路复杂，分支多，管理困难，易发生事故。特别是提升系统，经常导致坠落等重大事故。

（5）矿井运输中，货载变换环节繁多，这是最容易造成事故的薄弱环节。斜巷串车提升，最容易发生跑车事故。

第二节 人员乘坐运输设施的安全须知

一、乘坐立井罐笼的安全须知

罐笼是立井运送人员上下井和提升煤炭、矸石，材料和设备的专用设备，是保证矿井正常生产和人员安全出入井的关键装备。

（1）上下井时要遵守井口、井底的制度，在指定地点等候，等罐笼停稳后，排队按次序进出罐笼，不得私自撩开罐帘、罐门，不得争抢拥挤。

（2）罐笼每次乘载的人数有规定限额。如果已经满员，就要等下一次再上，切不可强挤抢上。

（3）乘罐时要服从井口人员指挥，自觉接受井口检查人员的检查和劝告。

（4）人员进入罐笼后，不准打闹；手握紧扶手，不要把头、手、脚或携带的工具、物料伸到外面去，更不准向井筒里抛扔任何东西。否则是很容易出事的。

（5）任何人不得与携带炸药、雷管的爆破工同罐上下。

（6）不准乘坐提升煤炭的箕斗，无安全盖的罐笼和装有设备材料的罐笼。

（7）在建井期间，还没有安装罐笼时，可以乘吊桶上下井。乘吊桶时，更要注意安全，每个人都要佩戴好保险带。任何人都不准坐在吊桶边缘上。要等吊桶停稳和井盖关闭以后，才能上下吊桶。

【案例1】1998年6月25日，河北省某矿因工人违章乘坐箕斗上井，超重提升发生蹾罐事故，死亡6人。当班换班时，李××等6人向箕斗内装了三车（约800公斤）煤炭后，其中5人跳进箕斗内，谭××发了两下提煤信号，也随即跳入箕斗内等待升井。当绞车提升约30米高度时，绞车滚筒突然逆转，速度非常快，当即采取紧急刹车和变挡措施，结果没有任何效果，瞬间钢丝绳抽断，滚筒衬木外层脱落 3/4，箕斗坠入井底，箕斗内 6 人全部遇难。

【案例 2】1978 年 2 月 13 日，某矿副井罐笼内已经满员，正要下放罐笼时，突然有 1 人不顾劝阻强行入罐，把钩工坚决不同意，便将此人往外拉。这时，信号工突然发送下放罐笼信号，由于没使用安全门与提升信号的连锁，司机收到信号开动提升机，使此人坠入井底死亡。

二、井下乘坐人车的安全须知

(1) 矿工在倾斜井巷中，只准乘坐专门的人车或钢丝绳牵引的胶带输送机。在平巷内，要乘坐专门运送人员的人车或者由矿车组成的单独列车，不要乘坐底卸式或侧卸式矿车、物料车和平板车，以免发生危险，因为这些车的安全装置不齐，容易出现故障。

(2) 上下车时不要拥挤。车还没有停稳，或者已经发出了开车信号时，都不准上下车，更不准在列车行进过程中扒上跳下，否则很容易发生挤伤和触电事故。

(3) 一辆车乘坐几个人是有规定的。如果车内已满员，就要自觉等下一趟车，不要再硬挤进去，更不能扒蹲在车厢外面，以免出现事故。

(4) 使用架线电机车的矿井，车上面都有一根带电的架空线。上下车的时候，以及在列车行进过程中，不要脱掉安全帽，身体和随身携带的工具都不可碰上架空线，否则有触电危险。

(5) 空矿车的安全设备不全，在乘坐用这种车组成的单独列车时，应做到如下几点：

①听从司机及乘务人员的指挥，开车前必须关上车门或挂上防护链。

②人体及携带的工具和零件严禁露出车外。

③列车行驶中和尚未停稳时，严禁上下车和在车内站立。

④严禁在机车上或任何两车厢之间搭乘。

⑤严禁超员乘坐。

⑥车辆掉道时，必须立即向司机发出停车信号。

⑦严禁扒车、跳车和坐矿车。

不论乘坐什么样的车，在车开动以后，有什么东西掉落下去，都不要马上去抢捡，否则很危险。

（6）在斜巷或平巷乘坐带式输送机时，必须在专门的上下平台乘坐，乘坐时应按先后顺序每隔 4 米乘坐 1 人，乘坐人员应面向胶带行进方向端正坐稳，不得站立或仰卧。

（7）双手可触摸胶带表面，也可抱膝盘坐，但不得用手抚摸胶带两侧，以免手被碾伤。

（8）乘坐人员严禁携带超长物品或笨重物品乘坐。

【案例 3】1981 年 4 月 6 日，某矿 7 吨架线电机车牵引的列车途经人行上山时 1 名工人扒上矿车，被挤撞在巷道壁上死亡。

三、井下乘坐"猴车"的安全须知

"猴车"即系运送人员的设施。由于它操作简单，乘坐安全，上下方便，在倾斜巷道中常用来运送人员。乘坐"猴车"时必须注意以下安全事项：

（1）上、下车前要提前做好思想准备，做到稳上、稳下。

（2）乘坐时要坐正、踩牢，双手紧扶吊杆，眼睛目视前方。

（3）千万不能用手去触摸钢丝绳和绳轮，以防将手咬伤。

（4）每只吊座只能乘坐 1 人，不得超乘。

（5）乘坐"猴车"不能携带超高、超重物件。

（6）在"猴车"运行途中，不要使乘坐的吊座左右摆动。特别是下车后严禁使吊座大幅度前后左右摆动，避免与对面运来的吊座互相勾连造成事故。

（7）在乘坐过程中，要精神集中，严禁与对面来人嬉戏打闹，下车后慢跑几步再恢复正常行进速度。

第三节　在各类巷道行走时的安全须知

一、在一般巷道中行走时的安全须知

由于井下巷道条件特殊，空间小，光线暗，噪声大，粉尘多和运输忙，人员在巷道中行走时应注意以下安全事项：

（1）行人如果要到立井井筒对面去，必须经人行绕道过去，禁止穿越井底直接走到对面。

（2）在井下行走时最好2人以上结伴同行，遇事可以互相关照。

（3）在井下巷道行走时，要戴好安全帽和矿灯，眼观前方各种信号、路标和车辆，耳听信号和车辆的声音。不要大声说笑、吵架和嬉戏打闹，思想要集中，双脚要踩实踏稳。

（4）下井携带物品不要超过头顶高度，千万小心金属制品（如铁杆、铁锹和铁镐等）不要触及架空线，也不要扎坏电缆、胶管或碰伤人员。

（5）挂有"禁止入内"或危险警告标志的地方，严禁进入。没有到过的、无风的井巷或硐室，千万不要乱进。

（6）不是自己工作责任范围内的设备、设施不要随便乱摸、乱开、乱关，更不能向电气设备浇水，以防触电。

（7）在井下休息时，应选择顶板完整、支架完好、不影响行车和通风良好的地点。不能在密闭墙附近或钻入栅栏区内休息。禁止任何人在井下睡觉。

二、在通风巷道中行走时的安全须知

（1）在有风门的巷道中行走时，要过一道风门关一道风门，不能两道风门同时敞开。开一道风门行人时，敞开风门时间也不能过长。同时，过风门时要严防对面来人开门撞伤自己或自己开门撞伤对面来人，或者关门时碰伤后面来人。开门用力大时双脚要站稳，防止摔倒，关门时要轻轻关上。不要用脚蹬或者用撬棍开风门。过风门时要快速通过，谨防风门自动关上时将自己拍伤。

(2) 在回风巷道行走时，要走在巷道中间。在通过有积水的巷道时，尽量使双脚踩在铁道上。注意底板的煤（矸）堆或石块，谨防绊倒。同时，应避开巷道支架、管道、缆线，以免碰伤头部。

三、在运输巷道中行走时的安全须知

(1) 一定要走在大巷的一侧人行道上，严禁在轨道中间行走。走在水沟盖板上面时，要注意盖板是否安全、稳固。若巷道无人行道，必须预先与信号把钩工联系好，经同意后方可行走。

(2) 不能随便横越轨道。若因生产工作需要横越时，必须确认（眼观、耳听）无运行车辆到来后再横越行走。

(3) 在巷道人行道行走时，如发现有运行车辆通过，人员应站在人行道紧靠巷道侧帮，停止行走。如果人行道宽度不够，应迅速就近进入躲避硐或足够宽的地点暂避，等车辆通过后再走，或者向司机发出停车信号，待行人躲避以后再行车。

(4) 行走在接近巷道拐弯处和岔道口时，要停步观望和侧耳细听有无运行车辆接近的信号，确定没有后方可继续行走。

(5) 要横越绞车道或无极绳道时，必须等牵引钢丝绳停止运行后才能横越。不准跨在钢丝绳上行走，通过弯道时要走在钢丝绳弯弧外侧。

四、在绞车斜巷中行走时的安全须知

绞车斜巷是运输事故常发部位，在绞车斜巷行走时必须格外小心谨慎。

(1) 在绞车斜巷行走时，要严格遵守"行人不行车，行车不行人"的规定。

由于在行人时没有车辆运行，不必担心车辆刮人或车辆跑车伤人的情况；在行车不行人时，即使车辆发生跑车事故，因为当

时在斜巷中没有行人，所以不会引发伤人事故。

执行"行人不行车，行车不行人"的规定，可以采取两种方法：一是规定行人和行车不同的时段，使人和车辆不同时出现在斜巷中，或者规定专用行人和专用绞车；二是人与车同时出现在同一斜巷中，当红灯亮时，行人立即就近进入躲避硐，红灯灭、绿灯亮时方可继续行走。

(2) 任何人不准从斜巷井底穿过，必须从专门设置的绕道行走。

【案例】1988 年 5 月 8 日，河南省某矿一水平车场在斜井提升时，由于连接插没有插好发生跑车。此时 14 人由斜井升井(该斜井为主井，不允许行人；副斜井专为通风和上下井使用)，从井下升井的工人上行 15 米，发现跑车，便向斜井一水平车场回跑。升井时走在后面的 1 名工人，因年纪大，被其他人挤到巷道西侧，未被矿车碰伤，其他 13 人（其中 2 名挂钩工和 1 名开车工）被矿车撞倒在一水平车场，死亡 10 人，重伤 2 人，轻伤 1 人。

五、在刮板输送机巷道中行走时的安全须知

(1) 巷道中安设有刮板输送机时，人员应行走在输送机距离巷道壁帮比较宽敞的人行道上。

(2) 严禁在输送机刮板上行走，或在刮板上休息。

(3) 在输送机运行前，严禁坐在机身煤堆上或蹲在刮板上随输送机前进。

(4) 严禁从输送机机头处横过。

(5) 从输送机机尾处横过时要走"机尾过桥"，千万注意不要跌在机尾处，以免被搭接的输送机机头卷入底槽。

六、在带式输送机巷道中行走时的安全须知

(1) 在带式输送机巷道中，人员应在输送机距离巷道壁帮比较宽敞的一侧人行道上行走。

(2) 严禁人员乘坐带式输送机（有特殊规定的除外）。

（3）横过带式输送机时，必须通过"过人天桥"，严禁从胶带下钻过或在胶带上爬越。

（4）不得行走在带式输送机上面。

（5）行走人员的身体各部位和所携带物品不得触及输送机运转的胶带。

第四节　井下常见运输伤人事故的防范

一、刮板输送机常见伤人事故及其防范措施

（1）刮板输送机常见伤人事故的类型：

①断链、飘链伤人；

②机头、机尾翻翘、溜槽拱翘碰人；

③运料碰人；

④在中部槽上行走摔倒；

⑤刮板链挤人；

⑥联轴器无保护罩碰人；

⑦信号误动作伤人；

⑧吊溜槽压人。

（2）刮板输送机造成伤人事故的原因：

①由于联轴节、传动链等运转部分未装保护罩，机尾未装护板，人员靠近时，易被转动部分绞伤。

②刮板输送机的刮板链由于被不平的机槽接口或木块等杂物卡住，拉力突然猛增，致使机头或机尾突然向上翘起，易打伤或挤伤附近工作人员。

③工人违章乘坐输送机或在机槽内行走，易被突然向上跳动的刮板链打伤。

④工作人员处理输送机事故时未停车，或者虽已停车，但未挂"有人工作，禁止开车"牌，均易因误开车而造成人身事故。

（3）预防措施。根据上述刮板输送机伤人事故的种类，针对其原因，为防止发生刮板输送机伤人事故，应采取以下安全措施。

①电动机与减速箱的液力耦合器、传动链等传动部分应设保护罩或保护栏，机尾应设护板，否则不允许开车。

②严格执行《煤矿安全规程》和操作规程，任何人不得在溜槽内行走，也不得乘坐输送机。

③当发现机头、机尾溜槽在工作中有颤动时，应迅速离开该部位，同时发出停车信号。

④刮板输送机在开机前一定要先发出信号，先点动试车，待确认无问题再正式开机。

⑤对刮板输送机日常维护管理要做到三平、两直、一稳、四勤。

二、斜巷轨道运输常见伤人事故的防范

（1）倾斜井巷轨道运输常见伤人事故的类型：

①违章作业造成跑车伤人事故。

②矿车连接插销在矿车运行时跑出，造成的跑车伤人事故。

③矿车连接器不合要求，引起跑车伤人事故。

④两车的连接件不合要求，造成跑车伤人事故。

⑤钢丝绳断裂造成跑车伤人事故。

⑥由于提升司机误操作或信号把钩工误发信号而造成跑车伤人事故。

⑦提升机制动装置的制动力过小，造成带绳跑车伤人事故。

⑧由于未按规定设置"一坡三挡"，违反行车不行人的规定而发生伤人事故。

（2）预防倾斜井巷轨道运输伤人事故的措施：

①对钢丝绳、提升钩头、保险绳和连接装置等，每班都要认真检查完好情况，并且做到定期检查和试验，加强日常维修、保养，发现问题及时处理。

②矿车的连接装置、连接钩环、插销等必须符合安全要求。

③矿车与矿车的连接，矿车与钢丝绳的连接，都必须用防脱装置。

④提升制动装置必须灵活可靠，司机停车和放车时，要注意防止发生松绳冲击事故。

⑤斜井提升兼作行人时，在上口必须设置挡车器，在斜井中（含斜巷）必须每隔 25 米设置一个躲避硐，并设红灯，巷道躲避硐的一侧应铺设畅通的人行道。

⑥所有轨道斜巷必须按规定设置一坡三挡。在倾斜井巷上部水平车场，必须安设阻车器。

⑦倾斜井巷在变坡点下方 20 米处，必须设置挡车器或挡车栏，并且经常关闭，放车时方可打开。

⑧倾斜井巷轨道运输必须安设跑车防护装置。

⑨倾斜井巷必须设置行车不行人的信号装置。

⑩信号把钩工要严格执行操作规程，开车前必须认真检查各矿车连接和装载情况，提升的车数，如不符合要求，绝不准发出开车信号。

三、人力推车时常见伤人事故的防范

井下平巷运输时，有些不能采用电机车运输，而采用人力推车。在用人力推车时，如果推车工不按操作规程作业，也经常发生一些伤人事故。因此，采用人力推车时，要特别注意安全。推车工要随时注视着前方，不停地发出信号，车与车之间要有一定的距离。一人只准推一辆车，不准推多辆车。在下坡道推车时，推车人员不准站在车头上放飞车。在单轨道上推车要确认对方没有车推过来时才能向前推车，以免发生撞车事故。由于井下条件差，推车人员的手不应放在车帮沿上，以防手在矿车帮上被落石打伤或被棚挤伤。推车人员的手应放在车帮的把手上，如果没有固定的把手，则可装上用钢板或圆钢制成的活把手。

【案例】2007年9月27日，湖南省某矿行人斜井内人车在提升过程中发生断绳跑车，造成6人死亡，10人受伤（其中2人重伤，8人轻伤），直接经济损失398.1万元。

第十一章 井下爆破事故的防范

第一节 井下爆破安全要求

一、爆破材料的运输

《煤矿安全规程》规定，井下爆破工作必须由专职爆破工担任，专职爆破工必须经过专门培训，由具有 2 年以上采掘工龄的人员担任，并经考核合格，持证上岗。

井下对爆破材料的运输有严格的要求：

1. 电雷管必须由爆破工亲自运送。炸药应由爆破工或在爆破工监护下由其他人员运送。

2. 炸药和电雷管应分别放在两个专用背包（木箱）内，严禁放在衣袋中。

3. 运送爆炸材料时要轻拿轻放，不准用力碰撞和随便扔放药箱。

4. 对一人一次运送爆炸材料量，《爆破安全规程》有严格规定：

(1) 同时搬运炸药和起爆材料不得超过 10 公斤。

(2) 拆箱（袋）搬运炸药不得超过 20 公斤。

(3) 背运原装炸药 1 箱，不得超过 24 公斤。

(4) 挑运原装炸药 2 箱，不得超过 48 公斤。

(5) 不得携带爆破材料在人群聚集的地方逗留，不得在交接班人员上下井集中时间沿井筒上下，每层罐笼内搭乘的携带爆破材料的人员不得超过 4 人，其他人员不得同罐上下。

二、炮眼装药的基本要求

1. 炮眼内存有煤岩粉,使眼内药卷不能贴在一起,或者装不到眼底,容易引起火灾或爆炸事故。所以,装药前必须将炮眼内煤岩粉清除。

2. 装药时不能用炮棍冲撞或捣实药卷,以避免产生炸药密度过大,爆炸反应不完全,产生拒爆,甚至捣响电雷管等不良现象,必须用炮棍轻轻推入。

3. 潮湿和有水的炮眼应使用抗水型炸药。有的使用非抗水型炸药时,外罩防水套。但一方面防水套容易划破,起不到防水作用;另一方面防水套参与爆炸,增加一氧化碳含量。

4. 装药后电雷管脚线要各自独立悬吊,或卷好塞在各自的眼口附近,以免电雷管脚线接头接地短路。

5. 严禁电雷管脚线,爆破母线与运输设备,电气设备以及采掘机械等导体相接触。

6. 打眼不能与装药平行作业,必须保持一定的安全距离。

三、炮眼封泥的基本要求

1. 炮眼封泥的材料要求:炮眼封泥应用水炮泥,水炮泥外剩余的炮眼部分应用黏土炮泥或用不燃性的、可塑松散材料制成的炮泥封实。严禁用煤粉、块状材料或其他可燃性材料的炮眼封泥。

2. 炮眼封泥的长度要求:

(1) 炮眼深度小于 0.6 米时,炮眼封满炮泥。

(2) 炮眼深度为 0.6 米~1 米时,封泥长度不得小于炮眼深度的 1/2。

(3) 炮眼深度超过 1 米时,封泥长度不得小于 0.5 米。

(4) 炮眼深度超过 2.5 米时,封泥长度不得小于 1 米。

(5) 光面爆破时,周边炮眼封泥长度不得小于 0.3 米。

四、严禁裸露爆破

裸露爆破也称"糊炮",是指把炸药直接放在被爆破的煤、岩块的表面上，用黄泥等把炸药盖上进行爆破的方法。由于裸露爆破是在煤或岩石表面上爆炸，爆炸火焰容易直接与井下空气中的瓦斯和煤尘相接触，所以最容易引起瓦斯、煤尘的燃烧或爆炸。

【案例】2002年1月26日，河北省某矿采煤工作面因放"糊炮"发生特大瓦斯爆炸事故，造成18人死亡，1人失踪。1月27日再次发生瓦斯爆炸，导致抢险救灾人员死亡9人，失踪1人。

五、"一炮三检制"与"三人连锁爆破制"

1. "一炮三检制"就是在采掘工作面装药前、爆破前、爆破后，爆破工、班组长和瓦斯检查员都必须在现场，由瓦斯检查员检查瓦斯。当爆破地点附近20米以内风流中的瓦斯浓度达到1.0%时，必须立即处理，并不准用煤电钻打眼。执行"一炮三检制"，加强了爆破前的瓦斯检查，能够有效地防止漏检，从而避免在瓦斯超限情况下进行爆破。

2. "三人连锁爆破制"就是指爆破工、班组长和瓦斯检查员3人必须同时自始至终参加爆破工作的全过程，并严格执行换牌制度。

3. 执行"三人连锁爆破制"进行爆破作业的程序：

(1) 爆破工在检查连线工作无误后，将警戒牌交给班组长。

(2) 班组长接到警戒牌后，在检查顶板、支架、上下出口、风量、阻塞物、工具设备、洒水等爆破准备工作无误，达到爆破要求条件时，负责布置警戒，并组织人员撤到规定的安全地点躲避。

班组长必须布置专人在警戒线和可能进入爆破地点的所有通路上，担任警戒工作。警戒人员必须在规定的距离和有掩护的安全地点进行警戒，警戒线处应设置警戒牌、栏杆或拉绳等标志。

班组长必须清点人数，确认无误后，方准下达爆破命令，将自己携带的爆破命令牌交给瓦斯检查员。

(3) 瓦斯检查员接到爆破命令牌后，在检查爆破地点附近20米以内风流中瓦斯浓度在1%以下，且煤尘符合规定要求后，将自己携带的爆破牌交给爆破工。

（4）爆破工接到爆破牌后，才允许将爆破母线与连接线进行连接，最后离开爆破地点，并必须在通风良好有掩护的安全地点进行爆破，掩护地点到爆破工作面的距离，在作业规程中有具体规定。爆破工、警戒人员和爆破躲避人员必须躲在有支架物体等掩护和支护，且通风良好的安全地点。

（5）爆破通电工作只能由爆破工1人完成。爆破前，爆破工应先用导通表或爆破电桥以及欧姆表检查网路是否导通，若网路不导通，必须查清原因。

（6）若网路正常，爆破工必须发出爆破警号，高喊数声"爆破"或鸣笛至少再等5秒，方可爆破。

（7）爆破后，爆破工必须立即取下发爆器把手和钥匙，并将爆破母线从上摘下，扭结成短路，将三牌各归原主。

执行"三人连锁放炮制"，实行换牌作业，起到约束爆破工、班组长和瓦斯检查员按规定的程序交牌时应完成各自担负的任务，明确了爆破作业的程序，相互的连锁关系，各自的任务和责任，可以有效地防止爆破混乱，爆破警戒不严或警戒不落实，不清点人数造成的爆破崩人事故；爆破前认真检查顶板和支护加固情况以及设备保护情况，可以避免因爆破引起的冒顶事故和崩坏设备事故；爆破前，认真检查连线，可以避免漏联、误联而引起的爆破故障和事故；爆破前认真检查瓦斯、煤尘，可防止因漏检和违章爆破而引起的瓦斯、煤尘爆炸事故的发生。

六、爆破后的检查

爆破后，待工作面的炮烟被吹散，爆破工、瓦斯检查工和班组长必须首先巡视爆破地点，检查通风、瓦斯、煤尘、顶板、支架、拒爆、残爆等情况。如有危险情况，必须立即处理。

七、爆破作业的"十不准"规定

爆破作业必须严格遵守"十不准"，其内容如下：

（1）工作面工具未收拾好，机电设备和电缆未加以保护时，不准放炮。

（2）工作面未检查瓦斯浓度或 20 米范围内瓦斯浓度达到 1%时，不准放炮。

（3）在有瓦斯煤尘爆炸危险的煤层工作面 20 米范围内未清扫煤尘或洒水灭尘时，不准放炮。

（4）工作面风量不足时，不准放炮。

（5）工作面安全出口不安全、不畅通，工作面顶板支架不完整、煤壁片帮、有伞檐等安全隐患时，不准放炮。

（6）放炮母线长度不够或未吊挂好时，不准放炮。

（7）所有人员未撤离到警戒线以外的安全地点，未清点好人数、末设好警戒岗哨时，不准放炮。

（8）不执行一次装药、一次放炮时，不准放炮。

（9）不使用放炮器或一个工作面同时使用两台或以上放炮器时，不准放炮。

（10）不发出三声放炮信号后，不准放炮。

第二节　爆破事故的类型及防范

井下爆破处理不当，有可能诱发瓦斯煤尘爆炸，崩倒支架引起冒顶，崩伤人员，崩坏设备或电缆，炮烟熏人，诱发透水等事故，必须加以注意。下面重点介绍 4 种事故的预防措施：

1. 防止爆破引起瓦斯煤尘爆炸的措施

《煤矿安全规程》中规定：在有瓦斯或有煤尘爆炸危险的采掘工作面，应采用毫秒爆破。使用煤矿许用毫秒延期电雷管时，最后一段的延期时间不得超过 130 毫秒。在掘进工作面应采用全断面一次起爆，不能全断面一次起爆的，必须采取安全措施。在采煤工作面，可分组装药，但一组装药必须一次起爆。严禁在一个采煤工作面使用 2 台发爆器同时进行爆破。

在高瓦斯矿井、低瓦斯矿井的高瓦斯区域的采掘工作面采用毫秒爆破时，若采用反向起爆，必须制定安全技术措施。爆破地点附近 20 米范围内风流中瓦斯浓度达到 1%，或采掘工作面风量不足时，严禁装药、爆破。

在有煤尘爆炸危险的煤层中，掘进工作面爆破前后，附近 20 米的巷道内必须洒水降尘。炮眼封泥应用水炮泥，水炮泥外剩余的炮眼部分应用黏土炮泥或用不燃性的、可塑性松散材料制成的炮泥封实，严禁用煤粉、块状材料或其他可燃材料作炮眼封泥。对无封泥、封泥不实或不足的炮眼严禁爆破。

【案例 1】2005 年 10 月 3 日，河南省某矿发生特别重大瓦斯爆炸事故，造成 34 人死亡，19 人受伤（其中重伤 1 人），直接经济损失 801 万元。该矿属高瓦斯矿井，事故的主要原因是由于打眼工违章施工，验收员不按要求验收，爆破工在炮眼质量不合格的情况下违章放炮，引起附近采空区内积聚的瓦斯爆燃、爆炸。

【案例 2】1989 年 9 月 8 日，辽宁省某矿开拓一区 223 采区二阶段风巷翻修时违章作业，将炸药雷管绑在碍事的旧铁腿上与其他炮眼一起爆破。当时放两次都没有响，发现炮线在 44.2 米处折断，爆破工从该处掐断，与跟班副段长一起就地躲在巷道下帮爆破，另 2 名工人分别躲在距爆破工外 4.4 米和 6.8 米的巷道上帮。爆破后，位于近处的 1 名工人当场被崩身亡，位于稍远的 1 名工人被崩成重伤，爆破工和副段长侥幸躲过一难。

2. 防止爆破引起采掘工作面冒顶的措施

（1）采掘工作面遇有地质构造、顶板松软破碎时，要采取少装药放小炮的办法进行爆破。

（2）顶眼不能装药量过大，否则爆破时会对顶板产生强烈冲击，使顶板破碎、冒落。

（3）顶眼不能距离顶板太近，或眼底打入了顶板岩层内。

（4）炮眼角度不合理，爆破后崩倒、崩坏支架造成空顶，补打支架工作又未及时跟上。

（5）一次爆破炮眼数不能超过规定，否则就会造成崩倒大量支架，形成大面积空顶。

（6）采煤工作面爆破与回柱放顶在时间与空间上要安排妥当，否则回柱放顶对顶板的强烈冲击尚未消除，加上爆破作用的叠加影响，会破坏顶板完整性，往往发生冒顶。

【案例3】1998年1月18日，河南省某矿采煤工作面存在顶板破碎和支架不稳等重大隐患时，违章放炮，造成工作面局部冒顶，使上部采煤工作面采空区大量矸石沿急倾斜工作面迅速冒落，导致工作面上部空顶，支架受力不均，被急剧下落的矸石摧垮，将工作面上部躲炮的11名工人全部压埋致死，1名工人急速跑到距上风巷口2米处，被强风吹倒后，爬着前行脱险。

3. 防止爆破崩人的措施

（1）严格按照《煤矿安全规程》和《煤矿作业规程》的规定，爆破母线要有足够的长度，躲避处的选择要能避开飞石、飞煤的袭击，掩护物要有足够的强度。

（2）爆破时，安全警戒必须严格执行《煤矿安全规程》的有关规定。

（3）通电以后装药拒爆时，如使用瞬发电雷管至少等待5分钟，如使用延期电雷管至少等待15分钟，方可沿线路检查，找出拒爆的原因，不能提前进入工作面，以免迟爆崩人。

（4）采取相应的安全措施，避免因杂散电流造成电雷管的突然爆炸崩人。

【案例4】1986年8月24日，江苏省某矿掘进二区2201输送机巷掘进工作面，1名工人发现有一根200毫米长的红色雷管脚线，随即用手去拉但未拉动，就对迎头其他人说："下面可能有瞎炮。"有人说："那就放。"这时无人答话，这名工人又继续刨了两下，见矸石太硬怕刨响瞎炮，将镐扔下；组长见他放下镐，走过来一句话没说，拿起镐就刨。这名工人担心组长刨响瞎炮，就跑到耙装机前，当他还未坐下时便听见一声炮响，组长当场被崩身亡。

4. 防止炮烟中毒的措施

（1）爆破后待炮烟被吹散吹净后，作业人员方可进入工作面进行作业。

（2）不使用超期、硬化、变质的炸药。

（3）控制一次爆破的装药量，不使产生的炮烟量超过通风能力。

（4）采掘工作面尽量避免串联通风，回风巷道应保持足够的通风断面。

（5）装药时，按《煤矿安全规程》规定的要求填装炮泥及水炮泥，以抑制和减少有害气体的生成量。

（6）爆破时，除警戒人员外，其他作业人员都要尽量在进风巷道内躲避等候；单孔掘进巷道内所有人员要远离爆破地点，同时要有充足的风量。

（7）作业人员在通过有较高浓度炮烟区时，要用湿毛巾堵住口鼻，并迅速通过，能有效地防止二氧化氮等易溶于水的有害气体造成的危害。

第三节　拒爆处理

通电起爆后，工作面的雷管全部或少数不爆的现象称为拒爆，也称"瞎炮"。

1. 通电以后装药炮眼不响时的正确处理方法：爆破工必须先取下把手或钥匙，并将爆破母线从电源上摘下，扭结成短路，再等一定时间（如使用瞬发电雷管至少等 5 分钟，延期电雷管至少等15分钟），才可沿线检查，找出拒爆的原因。

2. 处理拒爆（包括残爆）必须采用正确的操作方法。处理拒爆（包括残爆）必须在班（组）长直接指导下进行，并应在当班处理完毕。如果当班未能处理完毕，爆破工必须在现场向下一爆破工交接清楚。处理拒爆的正确操作方法如下：

（1）由于连线不良引起拒爆，可重新连线起爆。

（2）在距拒爆炮眼至少0.3米处另打与拒爆炮眼平行的新炮眼，重新装药起爆。

（3）严禁用镐刨或从炮眼中取出原放置的起爆药卷或从起爆药卷中拉出电雷管；严禁将炮眼残底（无论有无残余炸药）继续加深；严禁用打眼的方法往外掏药；严禁用压风吹这些炮眼。

（4）处理拒爆的炮眼爆炸后，爆破工必须详细检查炸落的煤、矸，收集未爆的电雷管。

（5）在拒爆处理完毕之前，严禁在该地点进行与处理拒爆无关的工作。

【案例】1986年7月6日，吉林省某矿建工区103队施工英安井-260石门时，发现工作面左帮有两个瞎炮，右帮腿窝差30毫米不够深，班长叫补打1个腿窝眼。打眼工拿起电钻与原腿窝眼成45度方向打眼，刚钻进200毫米就打在瞎炮上引起爆炸，班长当场死亡，另2人轻伤。

第十二章　矿工自救与互救知识

　　煤矿井下事故发生后，在矿山救护队不能立即到达事故地点的情况下，矿工为保证自身的安全，应立即开展自救互救活动。自救者首先必须熟知以下内容：

　　1. 熟悉所在矿井的灾害预防和处理计划。

　　2. 熟悉矿井的避灾路线和安全出口。

　　3. 掌握避灾方法，会使用自救器。

　　4. 掌握抢救伤员的基本方法及现场急救的操作技术。

第一节　事故现场救灾

一、事故现场人员的行动原则

　　发生事故后，现场人员应尽量了解和判断事故的性质、地点和灾害程度，迅速向矿调度室报告。同时应根据灾情和现有条件，在保证安全的前提下，及时进行现场抢救，制止灾害进一步扩大。在制止无效时，应由在场的负责人或有经验的老工人带领，选择安全路线迅速撤离危险区域。

　　(1) 当井下掘进工作面发生爆炸事故时，在场人员要立即打开并按规定戴好随身携带的自救器，同时帮助受伤的同志戴好自救器，迅速撤至新鲜风流中。如因井巷破坏严重，退路被阻时，应千方百计疏通巷道。如巷道难以疏通，应坐在支架良好的下面，等待救护队抢救。采煤工作面发生爆炸事故时，在场人员应立即佩戴好自救器，在进风侧的人员要逆风撤出，在回风侧的人员设法经最短路线，撤退到新鲜风流中。如果由于冒顶严重撤不出来时，应集中在安全地点等待救援。

（2）井下发生火灾时，在初起阶段要尽力扑救。当扑救无效时，应选择相对安全的避灾路线撤离灾区。烟雾中行走时迅速戴好自救器。最好利用平行巷道，迎着新鲜风流背离火区行走。如果巷道已充满烟雾，也绝对不要惊慌、乱跑，要冷静而迅速辨认出发生火灾的地区和风流方向，然后有秩序地外撤。如无法撤出时，要尽快在附近找一个硐室等地点暂时躲避，并把硐室出入口的门关闭以隔断风流，防止有害气体侵入。

（3）当井下发生透水事故时，应避开水头冲击，手扶支架或多人手挽手，撤退到上部水平。不要进入透水地点附近的平巷或下山独头巷道中。当独头上山下部唯一出口被淹没无法撤退时，可在独头上山迎头暂避待救。独头上山水位上升到一定位置后，上山上部能因空气压缩增压而保持一定的空间。若是采空区涌水，要防止有害气体中毒或窒息。

（4）井下发生冒顶事故时，应查明事故地点顶、帮情况及人员埋压位置、人数和埋压状况。采取措施，加固支护，防止再次冒落，同时小心地搬运开遇险人员身上的煤、岩块，把人救出。搬挖的时候，不可用镐刨、锤砸的方法扒人或破岩（煤），如岩（煤）块较大，可多人搬或用撬棍、千斤顶等工具抬起，救出被埋压人员。对救出来的伤员，要立即抬到安全地点，根据伤情妥善救护。

二、事故现场救灾组织

矿井发生爆炸、火灾、冒顶，煤与瓦斯突出等重大灾害事故时的初期阶段，波及的范围和危害一般较小，既是扑救和控制事故的有利时期，也是决定矿井和人员安全的关键时刻。多数情况下，事故发生初期，矿山专业救护人员难以及时到达现场抢救，灾区人员如何及时、正确地开展自救、互救，对保护自身安全和控制灾情损失具有重要作用。抢险救灾实践证明，事故现场负责人（区队长、班组长、矿山干部，也包括有经验的老工人、瓦斯检验员等）若能发挥高度责任心，勇于承担事故现场救灾职责，正确组织遇险人员救灾与避灾，对减少灾害损失，会起到不可估量的作用。

为了充分发挥现场组织救灾作用，事故现场负责人必须根据本人的工作环境特点，认识和掌握常见事故的规律，了解事故发生前和发生后的征兆，牢记各种事故的避灾要点，熟悉矿井的避灾路线和安全出口，掌握抢救伤员的基本方法和现场创伤急救操作技术。事故发生后，现场负责人要充分发挥高度政治责任心，勇敢地担负起救灾职责，同时还必须做到以下几点：

（1）认真组织。要求所有人员要统一行动，听从指挥，任何情况下都不得各行其是，盲目蛮干。

（2）沉着冷静。要保持清醒的头脑，临危不乱，鼓动大家树立坚定的信心，并在各环节上做好充分准备，谨慎妥善地行动。

（3）遵循原则。要求遇险人员遵循救灾和避灾基本原则，即：及时报告灾情，积极抢救，安全撤离和妥善避灾。

（4）随机应变。在组织抢救，撤离灾区和避灾待救时，要密切注意灾情变化，当可能出现危及人员安全时，要果断采取应变措施，避免人员伤亡，切忌图省事或存侥幸心理冒险行动。

（5）及时联络。在整个抢险和救灾过程中，要想方设法，及时与矿调度室取得联系，告知灾情，遇险人员位置、人数，遇到的困难情况等，争取早日获救。

（6）团结互助。现场负责人要以身作则，并要求所有遇险人员发扬团结互助的精神和先人后己的风格，要充分做好思想工作，发挥积极力量，互相照顾，同心协力，共渡难关。要尽量使遇险人员保持稳定的情绪和良好的心理状态，树立坚定的救灾脱险的信念，互相鼓励，以极大的毅力克服一切困难，直到最后胜利；

特别是在遇险待救时间较长时，千万不可悲观失望和过分忧虑，更不得急躁盲动。

第二节　井下避险

2011 年 3 月，国家安监局下发了《煤矿井下安全避险"六大系统"建设完善基本规范（试行）》。其中"六大系统"是指监测监控系统，人员定位系统，紧急避险系统，压风自救系统，供水施救系统和通信联络系统。

1.煤矿井下紧急避险系统。煤矿井下紧急避险系统是指在煤矿井下发生紧急情况下，为遇险人员安全避险提供生命保障的设施、设备、措施组成的有机整体。紧急避险系统建设的内容包括为入井人员提供自救器，建设井下紧急避险设施，合理设置避灾路线，科学制订应急预案等。

2. 井下紧急避险设施。井下紧急避险设施是指在井下发生灾害事故时，为无法及时撤离的遇险人员提供生命保障的密闭空间。该设施对外能够抵御高温烟气，隔绝有毒有害气体；对内提供氧气、食物和水，去除有毒有害气体，创造生存基本条件，为应急救援创造条件、赢得时间，在无任何外界支持的条件下额定防护时间不低于 96 小时。

紧急避险设施主要包括永久避难硐室，临时避难硐室和可移动式救生舱：

（1）永久避难硐室是指设置在井底车场、水平大巷和采区（盘区）避灾路线上，具有紧急避险功能的井下专用巷道硐室，服务于整个矿井、水平或采区，服务年限一般不低于 5 年。

（2）临时避难硐室是指设置在采掘区域或采区避灾路线上，具有紧急避险功能的井下专用巷道硐室，主要服务于采掘工作面及其附近区域，服务年限一般不大于 5 年。

（3）可移动式救生舱是指可通过牵引、吊装等方式实现移动，适应井下采掘作业地点变化要求的避险设施。

目前我国多家企业已经生产出"矿用可移动式救生舱"，密封的舱体可容纳多人，舱体内设有坐椅、照明、通讯、供氧、急救箱、必需的食品、饮用水，有毒有害气体处理装置，并可以调节舱内的气温和湿度。遇险人员在遭遇矿难后无法撤离或逃生线路受阻，只要进入舱体，即使外界已经无法提供生存条件，但舱内仍至少可提供 96 小时的生存保障。该项产品正在逐步为大型矿井所采用。

3. 其他避险设施。避难人员也可以临时利用独头巷道、硐室或两道风门之间的巷道，利用身边现有的材料（如木料、笆片、风筒布、溜槽、衣服等）严密构筑修建临时的避难点，尽量减少有害气体的侵入。临时避难硐室灵巧机动，修筑简单，正确地利用它，往往能发挥很好的救护作用。

在避难场所中避难时应注意：

（1）在避难硐室外应留有衣物、矿灯等明显标志，以便救护人员易于发现。

（2）避难时应保持安静，不可过分急躁，尽量俯卧到巷道底部，以保持精力，减少氧气消耗和避免吸入更多的有害气体。

（3）在硐室内只用一盏矿灯照明，关闭其余矿灯以备不时之需。

（4）间断敲打铁管或岩石等发出呼救信号。有条件时，打开矿用自动呼救器（矿用寻人仪）及时给营救人员提供方位和避难地点。

（5）全体避难人员要互助合作，团结一心，坚定求生信念。

第三节　矿工的自救与互救

井下一旦有重大灾害性事故发生，每个井下人员首先要积极自救。被困人员在接到事故警报后，就要将自救器戴好，在班组长或老工人的带领下沿着避灾路线有条不紊地撤出来。处在事故地点回风方向的人员要从最近处撤到进风巷道内。假如巷道破坏很严重，又无法确定在撤退路线中是否安全畅通时，就要设法选择顶板坚固，没有有害气体通过，有水或离水较近的地方去暂时躲避，安静而有耐心地等待救护。同时要密切观察附近情况的变化，发现有危险，即刻转换地方。

1. 在避灾过程中，最重要的一条，就是无论情况有多糟，一定要沉着，不要惊慌；要遵守纪律，听从避灾领导人的指挥，有组织地撤退或等待救援，不可擅自盲目行动。

在选择好避险场所等待救援的时间里，还要注意以下几点：

（1）控制矿灯的使用。多人在一起，需要时尽量只开一盏矿灯，以保证较长的照明时间。

（2）定时敲打铁道或铁管，发出呼救信号。

（3）对附近巷道情况不明，可派人侦察出行路线。侦察探险工作要选派有经验而又熟悉巷道的老工人担任，并至少要有两人同行。

（4）尽量节约食品，必要时可集中食物，集中分配，可优先分配给受伤人员和老年人。

（5）井下被困人员只要有空气和水，生命就可以维持较长时间，可达一个月以上。在断绝食物的情况下，有人为了减少饥饿的痛苦，嚼煤块、啃木头、吃棉絮等，但一定要防止过量，防止食物中毒。

（6）减少体能消耗，不要乱跑乱动，不要大喊大叫。

（7）互相鼓励，树立信心，相信上面一定在全力组织救援，自己的亲人在等待着自己，相信一定能够成功脱险。

避灾中，每个人都要发扬团结互助的精神和先人后己的风格，发现有人受伤要及时救治，对年老体弱的同志更要热情帮助。

2. 矿工互救一定要遵守"三先三后"的原则：

（1）窒息（呼吸道完全堵塞）或心跳呼吸骤停的伤员，必须先进行人工呼吸或心脏复苏后再搬运。

（2）对出血伤员，先止血，后搬运。

（3）对骨折的伤员，先固定，后搬运。

第四节　现场创伤急救方法

井下现场急救的目的，是最大限度地减轻伤员痛苦，防止伤情恶化，减少并发症的发生，挽救濒临死亡人员的生命。有资料显示，现场急救工作开展适当，可减少 20% 伤员的死亡。人员受伤后，2分钟内进行急救的成功率可达 70%；4 分钟~5 分钟内进行急救的成功率可达 43%；如果错过最佳时机，15 分钟以后进行急救的成功率便很小了。因此，在井下现场做好急救工作，关系到伤员生命的安危和健康的恢复，在煤矿安全生产中是十分重要的一个环节。

为了使现场抢救更加及时、有效，井下各班组都应当培养不脱产的保健员，掌握急救技术，以备不时之需。每一个下井的工人，懂得一些急救常识和方法，也是意义重大的。

下面介绍一些常用的急救的方法：

1. 人工呼吸法

人工呼吸的方法有口对口人工呼吸法，俯卧压背人工呼吸法和仰卧半臂压胸人工呼吸法。

（1）口对口人工呼吸法

口对口人工呼吸法大部分用于救治触电者。方法如

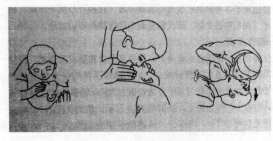

图 12-1　口对口呼吸法

下：让伤员平卧仰面，头部尽量后仰，鼻朝天，解开腰带、领扣和衣服；撬开嘴，将口中异物清除干净，以防止堵塞喉咙；深吸一口气，捏紧伤员鼻子，贴伤员嘴大口吹气；松开伤员的鼻子，让其自己呼吸。反复操作，每分钟 14 次~16 次，直至伤员能自己呼吸为止（见图 12-1）。

（2）俯卧压背人工呼吸法

俯卧压背人工呼吸法大部分用于救治溺水者。方法如下：伤员背部朝上，操作者骑跨在伤员的背上，双膝跪在伤员的大腿两旁，两手放在下背部两边，拇指指向脊椎柱，其余四指向外上方伸开；握住伤员的肋骨，向前倾身，慢慢压伤员背部，以自身的重量压迫伤员的胸廓，使胸腔缩小；操作者身体抬起，两手松开，回到原来姿势，使伤员胸廓自然扩张，肺部松开，吸入空气。如此反复操作，每分钟大约 14 次~16 次，直至伤员能自己呼吸为止（见图12-2）。

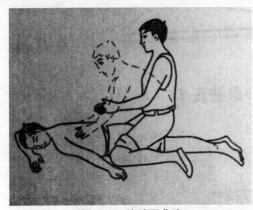

图 12-2　俯卧压背法

（3）仰卧半臂压胸人工呼吸法

仰卧半臂压胸人工呼吸法对于有毒气体中毒或窒息，以及有肋骨骨折的伤员不合适。此法便于观察伤员的表情，气体交换量也接近于正常的呼吸量。方法如下：伤员仰卧，腰背部垫一个低枕或衣物，使其胸部抬起，肺部扩张；操作者跪在伤员头部的两边，面对伤员，两手握住小臂，上举放平，2 秒钟后再曲其两臂，用自己的肘部在胸部压迫两肋约 2 秒钟，使伤员胸廓受压后，把肺部的空气呼出米；把伤员的两臂向上拉直，使其肺部张开，呼吸进空气。反复均匀而有节奏地进行，每分钟 14 次~16 次，呼气时压胸，吸气时举臂，直至伤员复苏能自己呼吸为止（见图 12-3）。

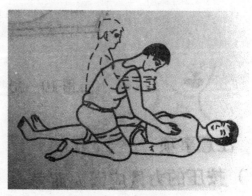

图 12-3 仰卧半臂压胸法

2. 胸外心脏按压术

对于心跳已停止的伤员进行抢救，采取心脏复苏法是非常有效的。其方法如下：

（1）使伤员仰卧，操作者站立或跨跪在伤员腰部的两旁。

（2）操作者叠起两掌，手掌贴胸平放，借助身体的体重用力垂直向下挤压伤员的胸部，压下深度为 3 厘米~4 厘米。

（3）挤压后，突然放松，让胸部自行弹起。反复有节奏地挤压和放松，每分钟约 60 次~80 次，直至伤员复苏（见图 12-4）。

3. 止血

井下常遇到的外伤是头部和四肢外伤，因为任何外伤都会出血，急性出血超过 800 毫升~1000 毫升，就会出现生命危险。所以

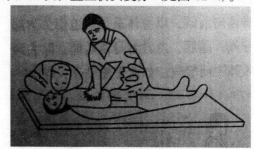

图 12-4 胸外心脏按压术

争取时间为伤员及时有效地止血至关重要。

止血方法很多，常用的暂时性的止血方法有以下几种：

（1）指压止血法。在伤口附近靠近心脏一端的动脉处，用拇指压住出血的血管，以阻断血流。此法是用于四肢大出血的暂时性止血措施。在指压止血的同时，应立即寻找材料，准备换用其他止血方法。根据出血部位不同分为各种不同的止血方法，包括：

①头颈部出血指压止血法。

②肩部出血指压止血法。

③前臂与上臂出血指压止血法。

④手部出血指压止血法。

⑤下肢出血指压止血法。

⑥足部出血指压止血法。

⑦头顶前部出血指压止血法。

⑧面部出血指压止血法。

（2）加垫屈肢止血法。当前臂和小腿动脉出血不能制止时，如果没有骨折和关节脱位，可采用加垫屈肢止血法止血。

（3）止血带止血法。当上肢或下肢大出血时，如无止血带在井下可就地取材，使用胶管或电缆皮等，压迫出血伤口的近心端进行止血。

（4）加压包扎止血法。主要适用于静脉出血的止血。其方法是：将干净的纱布、毛巾或布料等盖在伤口处，然后用绷带或布条适当加压包扎，即可止血。压力的松紧度以能达到止血而不影响伤肢血液循环为宜。

4. 创伤包扎

创伤包扎伤口是防止细菌侵入人体的入口。如果受伤矿工伤口被污染，就可能引起化脓感染、气性坏疽及破伤风等病症，严重损害健康，甚至危及生命。所以，受伤以后，在井下无法做清创手术的条件下，必须先进行包扎。

包扎的材料有橡皮膏、绷带和三角巾等。现场没有上述包扎材料时，可用手帕、毛巾和衣服等代替。

包扎的目的：保护伤口和创面，减少感染，减轻痛苦；加压包扎有止血作用；用夹板固定骨折的肢体时需要包扎，以减少继发损伤，也便于运送医院。

现场进行创伤包扎可就地取材，用毛巾、手帕和衣服撕成的布条等进行。

（1）布条包扎法：

①环形包扎法。该法适用于头部、颈部、腕部及胸部、腹部等处。将布条作环行重叠缠绕肢体数圈后即成。

②螺旋包扎法。该法用于前臂、下肢和手指等部位的包扎。先用环形法固定起始端，把布条渐渐地斜旋上缠或下缠，每圈压前圈的一半或1/3，呈螺旋形，尾部在原位上缠2圈后予以固定。

③螺旋反折包扎法。该法多用于粗细不等的四肢包扎。开始先做螺旋包扎，待到渐粗的地方，以一手拇指按住布条上面，另一手将布条自该点反向下，并遮盖前圈的一半或1/3。各圈反折须排列整齐，反折头不宜在伤口骨头突出部分。

④"∞"字包扎法。该法多用于关节处的包扎。先在关节中部环形包扎两圈，然后以关节为中心，从中心向两边缠，一圈向上，一圈向下，两圈在关节屈侧交叉，并压住前圈的1/2。

（2）毛巾包扎法：

①头顶部包扎法。毛巾横盖于头顶部，包住前额，两前角拉向头后打结，两后角拉向下颌打结。或者是毛巾横盖于头顶部，包住前额，两前角拉向头后打结，然后两后角向前折叠，左右交叉绕到前额打结。如果毛巾太短可接带子。

②面部包扎法。将毛巾横置，盖住面部，向后拉紧毛巾处两端，在耳后将两端的上、下角交叉后分别打结，眼、鼻和嘴处剪洞。

③下颌包扎法。将毛巾纵向折叠成四指宽的条状，在一端扎一小带，毛巾中间部分包住下颌，两端上提，小带经头顶部在另一侧耳前与毛巾交叉，然后小带绕前额及枕部与毛巾另一端打结。

④肩部包扎法。单肩包扎时，毛巾斜折放在伤侧肩部，腰边穿带子在上臂固定，叠角向上折，一角盖住肩的前部，从胸前拉向对侧腋下；另一角向上包住肩部，从后背拉向对侧腋下打结。

⑤胸部包扎法。全胸包扎时，毛巾对折，腰边中间穿带子，

绕到背后打结固定。胸前的两片毛巾折成三角形，分别将角上提至肩部，包住双侧胸，两角各加带过肩到背后与横带相遇打结。背部包扎与胸部包扎法相同。

⑥腹部包扎法。将毛巾斜对折，中间穿小带，小带的两部拉向后方，在腰部打结，使毛巾盖住腹部。将上、下两片毛巾的前角各扎一小带，分别绕过大腿根部与毛巾的后角在大腿外侧打结。臂部包扎与腹部包扎法相同。

（3）包扎时的注意事项：

①包扎时，应做到动作迅速敏捷，不可触碰伤口，以免引起出血、疼痛和感染。

②不能用井下的污水冲洗伤口。伤口表面的异物（如煤渣、矸石等）应去除，但深部异物需运至医院取出，防止重复感染。

③包扎动作要轻柔，松紧度要适宜，不可过松或过紧。结头不要打在伤口上，应使伤员体位舒适，绷扎部位应维持在功能位置。

④脱出的内脏不可纳回伤口，以免造成体腔内感染。

⑤包扎范围应超出伤口边缘 5 厘米~10 厘米。

5. 骨折固定

骨折固定可减轻伤员的疼痛，防止因骨折端移位而刺伤邻近组织、血管和神经，也是防止创伤休克的有效急救措施。

（1）操作要点：

①在进行骨折固定时，应使用夹板、绷带，三角巾和棉垫等物品。手边没有时，可就地取材，板皮、树枝、木板、木棍、硬纸板、塑料板、衣物、毛巾等均可代替。必要时也可将受伤肢体固定于伤员健侧肢体上，如下肢骨折可与健侧绑在一起，伤指可与邻指固定在一起。若骨折断端错位，救护时暂不要复位，即使断端已穿破皮肤露出外面，也不可进行复位，而应按受伤原状包扎固定。

②骨折固定应包括上、下两个关节，在肩、肘、腕、股、膝、

踝等关节处应垫棉花或衣物，以免压破关节处皮肤，固定应以伤肢不能活动为度，不可过松或过紧。

③搬运时要做到轻、快、稳。

（2）固定方法：

①上臂骨折。于患侧腋窝内垫以棉垫或毛巾，在上臂外侧安放垫衬的夹板或其他代用物，绑扎后，使肘关节屈曲90度，将患肢捆于胸前，再用毛巾或布条将其悬吊于胸前。

②前臂及手部骨折。用衬好的两块夹板或代用物，分别置放在患侧前臂及手的掌侧及背侧，以布带绑好，再以毛巾或布条将臂吊于胸前。

③大腿骨折。用长木板放在患肢及躯干外侧，半髋关节、大腿中段、膝关节、小腿中段、踝关节同时固定。

④小腿骨折。用长、宽合适的木夹板2块，自大腿上段至踝关节分别在内外一侧捆绑固定。

⑤骨盆骨折。用衣物将骨盆部包扎住，并将伤员两下肢互相捆绑在一起，膝和踝间加以软垫、屈膝。要多人将伤员仰卧平托在木板担架上。有骨盆骨折者，应注意检查有无内脏损伤及内出血。

⑥锁骨骨折。以绷带作"∞"形固定，固定时双臂应向后伸。

6. 伤员护送

护送伤员非常重要，如果护送不得当可能加重病情，甚至造成神经、血管损伤，终身残废或死亡。因此，护送伤员最好由有经验的老工人担任，若有医务人员在场，则应由医务人员护送。护送时必须注意以下几点：

①护送前，对伤员应先做初步急救处理，如包扎出血伤口或其他必要的紧急处理。

②按病情决定适当的护送方法。运送骨折伤员时，要根据骨折的部位采取不同姿势。对于脊椎骨折的伤员，应将其平放在担架上；上肢或下肢受伤时，应使伤员身体侧向未受伤一侧；腹部

受伤时应仰卧。

③护送时，伤员头部应在后，脚在前，以便随时注意伤员的面部表情，以利及时抢救。

④在井下上山道行走时，头在前，担架要前低后高，下山反之。

⑤在运送中途不要换运输伤员的工具，尤其对骨折伤员，以免增加病情，拖延护送时间。

⑥运送伤员时动作要稳、迅速，避免摇晃震动。对休克伤员要头低脚高。

第十三章 煤矿职工职业病的防治

第一节 矿山职业病的有关法规及防治体系

1. 矿山职业病防治的有关法规

与矿山职业病管理与防治有关的法律法规主要有《中华人民共和国职业病防治法》、《劳动法》、《矿山安全法》、《煤矿安全规程》、《金属非金属矿山安全规程》等。按照有关法律法规的规定，矿山企业应当建立、健全职业病防治责任制，加强对职业病防治的管理，提高职业病防治水平，对产生的职业病危害承担责任。矿山企业必须向职工发放符合国家标准或者行业标准的劳动防护用品，并监督、教育从业人员按照使用规则佩戴、使用。

国家安监局要求，对煤矿接触职业危害作业人员的职业健康状况进行定期检查，对在岗接触粉尘作业工人，岩石掘进工种每2~3年拍片检查一次；混合工种每3~4年拍片检查1次；纯采煤工种每4~5年拍片检查1次。对接触毒物、放射线的人员每年检查1次。I期尘肺患者每年复查1次。对于疑似尘肺患者，岩石掘进工种每年拍片复查1次，混合工种每2年拍片复查1次，纯采煤工种每3年拍片复查1次。

2. 煤矿职业病的主要类别

职业病是指企业、事业单位和个体经济组织（统称用人单位）的劳动者在职业活动中，因接触粉尘、放射性物质和其他有毒、有害物质等因素而引起的疾病。

煤矿职业病的主要类别有尘肺病、局部振动病、噪声聋、职业中毒、风湿病等，其中以尘肺病为主，占各种职业病的70%以上。

3. 煤矿职业病防治体系

在我国，已建立并形成了以煤炭职业医学研究所为中心，大型煤炭企业职业病防治院所为基础的劳动卫生职业病防治网络。《煤矿安全规程》对煤矿企业职业危害的管理和监测、健康监护作出了明确规定。煤矿企业必须加强职业危害的防治与管理，做好作业场所的职业卫生和劳动保护工作。采取有效措施控制尘、毒危害，保证作业场所符合国家职业卫生标准。

国家煤矿安全监察局负责煤矿职业场所职业卫生的监督检查工作，组织查处职业危害事故和有关违法行为；卫生部负责拟订职业卫生法律法规、标准，规范职业病的预防、保健、检查和救治，负责职业卫生技术服务机构资质认定和职业卫生评价及化学品毒性鉴定工作。

第二节　煤矿职业病的特点

煤矿职业病的特点主要是：

1. 病因明确，职业病一般是由于接触职业危害因素引起的。

2. 发病与劳动条件密切相关。发病与否及发病时间的早晚往往取决于接触职业性危害因素的时间和数量。所接触的病因大多是可检测的，需达到一定的强度（浓度或剂量）才能致病，劳动强度大、作业场所环境恶劣是导致职业病发病的根本原因。

3. 具有群体性发病的特征。在同一作业环境下，接触同一危害因素的人群中常有一定的发病率，多是同时或先后出现一批相同的职业病患者，很少出现仅有个别人发病的情况。

4. 可以预防。大多数职业病如能早期诊断、处理，康复效果好。但有些职业病，目前尚无特效疗法，只能对症综合处理，故发现愈早，疗效愈好。

有明确的病因，是指职业危害因素和职业病之间有明确的因果关系，病因和临床表现均有特异性；职业因素的数量，决定了职业病的有无、轻重、缓急，即有剂量——反应关系；控制病因和发病条件，即去除职业因素，可有效地降低其发病率，甚至使其绝迹或明显地改变职业危害因素的作用特征。少数毒物可对中毒者的后代发生不良影响。

因此煤矿职业病是一类人为的疾病，其发生和发展规律与人类的煤矿生产活动及职业病的防治工作的好坏直接有关。随着煤炭科学技术的进步和煤矿企业经济实力的提高，越来越多的职业病将被发现，可以通过治疗和康复，有效控制煤矿职业病的发展。

第三节　矿尘的危害及处理措施

1. 煤矿粉尘的产生

煤矿粉尘是指矿井生产过程中产生的煤尘和岩尘。

电钻或风钻钻眼、爆破、风镐或机械采煤、人工或者机械装渣、人工攉煤、放顶煤开采的放煤作业、工作面放顶及支护、自溜运输、运输设备的转载以及提升装卸等，是煤矿生产过程中产生粉尘的主要环节。

采煤和掘进工作面、自溜运输巷道、刮板输送机和带式输送机的转载点、煤仓和溜煤眼的上下口以及井口的卸载点等，是井下粉尘较多的地点。

落煤时煤炭受到破碎，在装煤、运输和转载过程中还会继续碰撞破碎，不断产生煤尘。

井下施工用的粉状材料有时也会成会高浓度的有害粉尘。在掘进工作面进行锚喷作业时，喷射水泥砂浆或者混凝土时会产生大量的水泥和沙粒粉尘，它已成为掘进工作面的主要粉尘来源之一。

国家安监局规定的煤矿作业场所粉尘接触浓度管理限值判定标准见表 13—1。

国家安监局规定的粉尘监测采样点的选择和布置要求见表 13—2。

表 13—1 煤矿作业场所粉尘接触浓度管理限值标准判定表

粉尘种类	游离 SiO_2 含量（%）	呼吸性粉尘浓度（mg/m^3）
煤尘	≤5	5.0
岩尘	5~10	2.5
	10~30	1.0
	30~50	0.5
	≥50	0.2
水泥尘	<10	1.5

2. 矿尘生成量的影响因素

在不同的矿井里，由于作业方法不同，机械化程度不同，煤层和岩层的地质条件不同，粉尘的生成量和浓度有很大的差别。即使在同一矿井里，粉尘的多少也很不一样。粉尘的产生多少与采煤方法与截割参数，作业地点的通风状况，采掘机械化，开采强度，地质构造及煤层赋存条件等诸多因素有关。

（1）采掘作业的方法和工艺。机械化采掘作业的粉尘量比打眼放炮作业可以高出 10 倍以上。机械化程度越高，防尘工作越重要。机械化采掘时，截齿宽度及其排列方式，切割速度及深度，牵引速度都会影响粉尘的生成量。放顶开采时高位放煤的产尘量远高于中低位放煤。急倾斜煤层用倒台阶采煤法比水平采煤法粉尘量大。

（2）通风状况及采掘空间。合理的通风量可以冲淡粉尘浓度并把粉尘带走，风量太小不能有效降低粉尘的浓度，风量过大会把沉积的粉尘吹扬起来，形成二次扬尘。薄煤层工作面空间较小，

表 13—2 国家安监局规定粉尘监测采样点的选择和布置要求如下表

类别	生产工艺	测尘点布置
回采工作面	采煤机落煤、工作面多工序同时作业	回风侧 10m~15m 处
	司机操作采煤机、液压支架工移架、回柱放顶移刮板输送机、司机操作刨煤机、工作面爆破处	在工人作业的地点
	风镐、手工落煤及人工攉煤、工作面顺槽钻机钻孔、煤电钻打眼、薄煤层刨煤机落煤	在回风侧 3m~5m 处
掘进工作面	掘进机作业、机械装岩、人工装岩、刷帮、挑顶、拉底	距作业地点回风侧 4m~5m 处
	掘进机司机操作掘进机、砌碹、切割联络眼、工作面爆破作业	在工人作业地点
	风钻、电煤钻打眼、打眼与装岩机同时作业	距作业地点 3m~5m 处巷道中部
锚喷	打眼、打锚杆、喷浆、搅拌上料、装卸料	距作业地点回风侧 5m~10m 处
转载点	刮板输送机作业、带式输送机作业、装煤（岩）点及翻罐笼	回风侧 5m~10m 处
	翻罐笼司机和放煤工人作业、人工装卸料	作业人员作业地点
井下作业其他场所	地质刻槽、维修巷道	作业人员回风侧 3m~5m 处
	材料库、配电室、水泵房、机修硐室等处工人作业	作业人员活动范围内
露天煤矿	钻机穿孔、电铲作业	下风侧 3m~5m 处
	钻机司机操作钻机、电铲司机操作电铲	司机室内
地面作业场所	地面煤仓等处进行生产作业	作业人员活动范围内

粉尘浓度可能相对较大。

（3）煤层的地质条件。煤层或者岩层脆性大，节理裂隙发育、疏松干燥时，产生的粉尘就多；煤层或者岩层的地质构造复杂、断层褶皱多、煤岩受地质运动破坏强烈时，采掘过程中产生的粉尘就多，相反则少。例如在砂岩、砾岩或者其他含有大量石英石的岩层掘进时，产生的岩尘较多，而在较软且带有塑性的页岩、泥岩中作业，岩尘产生则较少。开采坚硬的无烟煤或脆性较大的肥焦煤时，产生的煤尘比采掘其他煤种时多。倾角大的煤层在开采时比倾角小的煤层粉尘浓度大。

3. 工作面防尘

工作面防尘主要有以下几个方面：

（1）采煤工作面防尘。采用煤层注水防尘技术；合理选择采煤截割机构；喷雾降尘。

（2）炮掘工作面防尘。炮掘工作过程中风动凿岩机或电煤钻打眼两道工序持续时间长、产尘量高。一般干打眼工序的产尘量占炮掘工作面总产尘量的 80%~90%，湿式打眼时占 40%~60%。所以，炮掘工作面防尘的重点是打眼防尘。

①爆破防尘。爆破是炮掘工作面产尘量最大的工序。采取的防尘措施主要有以下几种：水炮泥，这是降低爆破时产尘量最有效的措施；爆破喷雾，这是简单有效的降尘措施，在爆破时进行喷雾可以降低粉尘浓度和炮烟。

②打眼防尘。国内外岩巷掘进行之有效的基本防尘方法是风钻湿式凿岩法。

干式凿岩捕尘。在无法实施湿式凿岩作业时，如岩石遇水会膨胀，岩石裂隙发育，实施湿式防尘效果差等情况下，可用干式孔口捕尘器等干式孔口除尘技术。

煤电钻湿式打眼。在煤巷、半煤巷炮掘中，采用煤电钻湿式打眼能获得良好的降尘效果，降尘率可达 75%~90%。

（3）机掘工作面通风除尘。

机掘工作面虽然采掘机械本身已有了相应的防尘措施，但一些细微的粉尘仍然是悬浮于空气中，尤其是随着掘进机械化程度的不断提高，产生粉尘的强度剧增。机掘工作面的粉尘产生强度大大高于炮掘工作面，用一般的防尘措施难于控制粉尘。因此国内外研究了通风除尘技术，以便有效地控制高浓度尘源。

①通风除尘设备。湿式除尘风机、湿式除尘器、袋式除尘器

以及配套的抽出式伸缩风筒、附壁风筒等是主要的通风除尘设备。

②通风除尘系统。合理的通风除尘系统是控制工作面悬浮粉尘运动和扩散的必要条件，主要有三种通风系统在国内外使用：长压短抽通风除尘系统、长抽通风除尘系统和长抽短压通风除尘系统。

③通风工艺的要求。压、抽风筒门之间相互之间位置的关系。压抽风量的匹配、局部通风机安装位置；抽出式局部通风机与除尘局部通风机串联是除尘对通风工艺的要求。

(4) 锚喷支护防尘。锚喷支护技术发展很快，它也是煤矿的主要尘源之一。锚喷支护的粉尘主要来自打锚杆眼、混合料转运、拌料和上料、喷射混凝土以及喷射机自身等生产工序和设备。

针对这些尘源，主要采取以下防尘措施：

①喷射混凝土支护作业的防尘措施。改干喷为潮喷是降低喷射混凝土工序粉尘浓度最有效的措施。

②打锚杆眼的防尘措施。打锚杆眼防尘的重点是解决打垂直顶板锚杆眼和倾斜角较大的锚杆眼时的产尘。

(5) 运输、转载防尘。机械控制自动喷雾降尘装置。该类装置的特点是结构简单、容易制造，使用和维护方便而且降尘效果好。

电器控制自动喷雾降尘装置。该装置适用于煤矿转载运输系统中不同的尘源，它是靠电器控制实现自动喷雾。有声控、光、磁控、触控等多种形式。

第四节　尘肺病的预防及治疗

一、尘肺病的分类

工人长期在矿尘环境中工作，吸入大量细微粉尘，从而引起以肺组织纤维化为主的职业病——尘肺病，严重影响人体健康和寿命。按照吸入矿尘的不同，煤工尘肺病分为三类：

（1）矽肺病。由于吸人含游离二氧化硅含量较高的岩尘而引起的尘肺病称为矽肺病。患者多为长期从事岩巷掘进的矿工。

（2）煤矽肺病。由于同时吸入煤尘和含游离 SiO_2 的岩尘所引起的尘肺病称为煤矽肺病。患者多为岩巷掘进和采煤的混合工种矿工。

（3）煤肺病。由于大量吸入煤尘而引起的尘肺病多属煤肺病。患者多为长期单一的在煤层中从事采掘工作的矿工。

我国煤矿工人工种变动较大，长期固定从事单一工种的很少。因此煤矿尘肺病中以煤矽肺病比重最大，约占 80% 左右，单纯的矽肺、煤肺病较少。作业人员从接触矿尘开始到肺部出现纤维化病变所经历的时间称为发病工龄。上述三种尘肺病中最严重的是矽肺病，其发病工龄短（一般在 10 年左右），病情发展快，危害严重。煤肺病的发病工龄一般为 20 年~30 年，煤矽肺病介于两者之间但接近后者。

二、尘肺病的发病症状

尘肺病的发展有一定的过程，轻者影响劳动生产力，严重时丧失劳动能力，甚至死亡。这一发展过程是不可逆转的，因此要及早发现，及时治疗，以防病情加重，从自觉症状上，尘肺病分为三期：

第一期，重体力劳动时，呼吸困难、胸痛、轻度干咳。

第二期，中等体力劳动或正常工作时，感觉呼吸困难，胸痛、干咳或咳嗽咳痰。

第三期，做一般工作甚至休息时，也感到呼吸困难，胸痛、连续咳嗽咳痰，甚至咯血和行动困难。

三、影响尘肺病发病的因素

（1）矿尘的成分。能够引起肺部纤维病变的矿尘，多半含有游离二氧化硅，其含量越高，发病工龄越短，病变的发展程度越快。

对于煤尘，引起煤肺病的主要是它的有机质（即挥发分）含量。据试验，煤化作用程度越低，危害越大，因为煤尘的危害和肺内的积尘量都与煤化作用程度有关。

(2) 矿尘粒度及分散度。尘肺病变主要是发生在肺脏的肺泡内。矿尘粒度不同，对人体的危害性也不同。5微米以上的矿尘对尘肺病的发生影响不大；5微米以下的矿尘可以进入下呼吸道并沉积在肺泡中，最危险的粒度是2微米左右的矿尘。由此可见，矿尘的粒度越小，分散度越高，对人体的危害就越大。

(3) 矿尘浓度。尘肺病的发生和进入肺部的矿尘量有直接的关系。国外的统计资料表明，在高矿尘浓度的场所工作时，平均5年~10年就有可能导致矽肺病，如果矿尘中的游离二氧化硅含量达80%~90%，甚至1.5年~2年即可发病。

(4) 个体方面的因素。人体吸入矿尘引起尘肺病，所以人的机体条件，如年龄、营养，健康状况、生活习性和卫生条件等，对尘肺病的发生、发展有一定的影响。尘肺病在目前的技术水平下尽管很难完全治愈，但它是可以预防的。只要领导重视，增加资金投入，完善技术措施，推广综合防尘，积极开展尘肺病预防及治疗，就可以降低尘肺病的发病率及死亡率。

四、尘肺病的临床表现

煤工尘肺的病程进展缓慢，早期基本无任何症状。并发呼吸道感染和慢性阻塞性肺病时，才出现呼吸系统的症状和体征如气短、胸闷、胸痛、咳痰、咳嗽等，随着病情发展，咳嗽、咳痰和呼吸困难症状逐步明显。从事稍重劳动或爬坡时气短加重，秋冬季节咳嗽、咳痰增多。

有大块纤维化时，一般咳出的痰不多，但呼吸困难明显。有呼吸道感染时，可咳出大量黏液样和灰白色痰，很少咯血。有时因缺血性坏死组织进入支气管，引起阵发性咳嗽，咳出较多含煤尘和胆固醇结晶的黏液，随后咳出少量痰。

煤工尘肺的体征较少，偶可听到干罗音，伴阻塞性支气管炎时，罗音较多。大块纤维组织收缩时，气管偏向患侧，可有哮鸣声伴随呼吸。煤矿工人中慢性非特异性呼吸道疾病的患病率比其他人群高。在呼吸道反复继发感染，发生肺炎和并发支气管扩张时，才可观察到相应的体征，对劳动力产生很大影响。

以吸入煤尘为主时，在呼吸性细支气管周围形成弥漫性煤尘细胞灶和煤尘纤维灶，以网状纤维为主，病灶边有肺气肿；煤尘和矽尘同时存在时，形成以肺间质为主的弥漫性煤尘灶和弥漫性间质纤维化，部分病例有少量煤矽结节，其核心为不规则排列的胶原纤维。病变继续发展，结节融合，融合灶大于 2 厘米者，称为大块纤维化。大块纤维化是煤工尘肺的晚期表现，但不是晚期必有的表现结果。它一般出现在两肺上叶或下叶上部，右肺多于左肺，呈圆形或类圆形。大块纤维化的组织结构，以弥散性纤维化为主，在纤维组织中和病灶周围有很多煤尘；有的间质纤维化和煤尘形成结节。病灶周围可见明显的代偿性肺气肿，也有肺边性气肿。

①煤工尘肺常见并发症是慢性支气管炎和肺气肿、肺结核、类风湿关节炎。

②煤工尘肺在诊断时应与肺结节病、肺含铁血黄素沉着症、肺转移瘤、各种病毒、细菌、霉菌感染、肺结核、肺癌等肺部疾病鉴别。

③煤工尘肺按《尘肺 X 线诊断标准》进行诊断和分期。

五、尘肺病的预防

（1）控制或减少尘肺病，关键在于防尘。工矿企业应采取改革生产工艺、湿式作业、密闭尘源、通风除尘、设备维护检修等综合性防尘措施。

（2）加强个体防护，遵守防尘操作规程。定期监测空气中的粉尘浓度，做好就业前的体检，并加强宣传教育。

（3）凡有活动性肺内外结核，以及各种慢性呼吸道疾病患者，都不宜参加接尘工作。加强接尘工人的上岗前、在岗期间和离岗时的体检，包括 X 线胸片，体检周期应根据接触空气粉尘浓度和二氧化硅含量而定。

（4）对尘肺患者应采取综合性措施，包括脱离粉尘作业，另行安排适当工作，加强营养和妥善的康复锻炼，以增强体质，预防呼吸道感染和合并症状的发生。

（5）加强工矿区结核病的防治工作。对结核菌素试验阴性者应接种疫苗；阳性者预防性抗结核化疗，以降低矽肺合并结核的发病率。

第五节　煤矿职业中毒的危害及防治

一、井下主要的有害气体

煤矿井下的有害气体有甲烷、乙烷、一氧化碳、二氧化碳、硫化氢、二氧化硫、氮氧化物等，其中甲烷所占比重最大，在80%以上。

1. 矿井瓦斯。在煤矿井下，把以甲烷为主的有害气体统称为矿井瓦斯。瓦斯是煤矿井下有害气体中最常见也是含量最大的一种气体，虽然它看不到、闻不到，但它能引起燃烧、爆炸和窒息。瓦斯爆炸是煤矿井下的严重灾害之一。另外，空气中瓦斯含量的增加会使氧气的含量降低，当瓦斯达到一定浓度，人就会感到气憋气短，呼吸困难，甚至会使人窒息。

2. 一氧化碳（CO）。一氧化碳俗称煤气，为无色、无臭、无味、无刺激性的气体。因为它与血液中的血红蛋白结合能力要比氧气大 300 倍，所以当空气中含有的一氧化碳被吸入人体后，血液中的血红蛋白就会先同一氧化碳结合，造成人体组织和细胞的大量缺氧而中毒死亡。

一氧化碳多半源于炮烟、火灾和瓦斯煤尘爆炸。空气中一氧

180

化碳浓度达到 0.128% 时，1 小时可使人中毒，产生头痛、头晕、耳鸣、心悸，吸入新鲜空气后症状迅速消失。规程要求，井下空气中一氧化碳浓度不得超过 0.0024%。

3. 二氧化碳（CO_2）。二氧化碳是无色气体，浓度高时略带酸味。二氧化碳比空气重，煤矿中常常积聚在巷道的底部。它不助燃也不能供人呼吸，易溶于水。空气中二氧化碳含量过高时，可使空气中的氧气含量降低而造成人员缺氧窒息。

二氧化碳能刺激中枢神经使呼吸加快。空气中二氧化碳浓度达到 3% 时，人的呼吸急促，容易疲劳；达到 5% 时出现耳鸣、呼吸困难等症状；达到 10% 时，发生昏迷现象。《煤矿安全规程》中规定：采掘工作面风流中二氧化碳浓度不得超过 0.5%，总回风流中不得超过 0.75%；采区回风巷、采掘工作面回风巷风流中的二氧化碳浓度超过 1.5%，或者采掘工作面风流中二氧化碳浓度达到 1.5% 时，都必须停止工作，撤出人员，进行处理。

煤矿井下的二氧化碳主要来源于煤和坑木的氧化，矿井水域酸性岩石的分解作用，人员的呼吸，爆破作业，瓦斯煤尘爆炸和火灾等。有些煤层也会放出二氧化碳。在采空区和停风密闭较久的巷道中都会积聚大量的二氧化碳。在停风较久或废旧巷道的入口处应设警示标志，禁止入内。

4. 硫化氢（H_2S）。硫化氢微甜、无色、有臭鸡蛋气味，密度比空气密度大。有剧毒，对人的眼睛和呼吸器官粘膜有强烈的刺激作用。能燃烧，空气中浓度达到 4.3%~45.5% 时能爆炸。空气中硫化氢的浓度为 0.01%~0.015% 时，会出现流唾液和清鼻涕，呼吸困难等症状；浓度为 0.02% 时会出现眼、鼻、喉粘膜有强烈刺激感，产生头疼、四肢无力和呕吐等症状；浓度为 0.05% 时半小时内人即失去知觉，痉挛死亡。

煤矿井下硫化氢的最大允许浓度为 0.00066%。煤矿井下硫化氢主要来源于坑木的腐烂，含硫矿物的水解、氧化和燃烧。由于硫化氢易溶于水，所以在采空区积水中常含有大量的硫化氢。空气中硫化氢浓度为 0.0001%~0.0002%时，可嗅到臭鸡蛋味；浓度达到 0.0027%时，气味最浓；浓度超过 0.0027%时由于人的嗅觉失灵会闻不出味道。

二、防止有害气体中毒的措施

1. 保持良好的通风

为了达到矿井通风的目的，每个矿井必须至少有两个井口，一个进风，一个回风，并在回风井口安装通风机，这就叫矿井口机械通风。矿井就是靠这种通风机将地面的新鲜空气送入井下各个工作地点，又靠它把井下的污浊空气和有害气体排到地面。

为了把新鲜空气按需要分送到各个工作地点，在井下各巷道中，根据通风的需要设置风墙、风门和风桥等通风构筑物。在有些巷道里还装有调节风窗，用来调节风量。这些通风构筑物是保证把新鲜风量按需要送到各个用风地点的必要手段，如进风与回风在同一地点交汇时，为了使进、回风分开，在这一地点必须设置风桥；为了隔断风流，在巷道某一地点需要设置风门等。所以任何人通过风门后，一定随手关好风门。当车辆通过风门时，切不可把相邻两道风门同时打开，否则就会造成风流短路，这样有些地点就得不到足够的新鲜空气了。

通风的作用如下：

①稀释、排除井下的热量和水蒸气，创造合适的气候条件，改善职工的劳动环境。

②冲淡、排除井下有毒气体和粉尘，保证工作人员不中毒，保持空气的清洁度以防止瓦斯和煤尘爆炸事故。

③供给井下人员足够的新鲜空气，满足人员呼吸需要。由此可见，保证人身安全和矿井安全生产的措施中，矿井通风有着非常重要的意义。

2. 要爱护井下通风构筑物

①风门。既要切断风流又要行人和通过车辆的一种通风构筑物；②风墙又叫密闭。它是切断风流或封闭采空区，防止瓦斯向矿井风流扩散的一种通风构筑物；③调节风窗。使某条巷道风量减少的通风构筑物；④回风桥。隔开两支相互交叉的进、回风的通风构筑物。

3. 矿工利用自救设施以自救

当井下发生火灾、瓦斯和煤尘爆炸。煤与瓦斯或二氧化碳突出等灾害时，井下人员应立即佩戴自救器脱险，免于中毒或窒息而死亡。

4. 控制有毒物质的技术措施

①生产设备密闭化、管道化和机械化。采用密闭生产设备或将敞开式生产过程密闭，是防止有害物质扩散的有效措施。

②以无毒、低毒的物料或工艺代替有毒、高毒的物料或工艺。以无毒代替有毒物料是从根本上解决防毒问题的办法。通风排毒和净化回收。

③通风排毒。通风排毒包括局部排风、局部送风和全面通风换气三种形式。局部排风可以将有害物质在污染源附近排出，防止有害物质的扩散；局部送风可以保证人的呼吸道附近空气纯净；全面通风换气可以改善整个作业场所的空气质量；净化回收可以有效地控制有害物质对环境的影响，防止二次污染，同时可以回收有用的物质。

国家安监局对煤矿作业场所主要化学毒物浓度限值见表13—3。

表 13—3 煤矿作业场所主要化学毒物浓度限值表

化 学 毒 物 名 称	最 高 允 许 浓 度（%）
一氧化碳（CO）	0.0024
氧化氮（换算成二氧化氮 NO_2）	0.00025
二氧化碳（CO_2）	0.5
硫化氢（H_2S）	0.00066

【案例】2009 年 3 月 9 日，内蒙古某矿由于通风不畅，井下发生一氧化碳气体中毒事故，造成 6 人死亡，3 人受伤。

第六节　煤矿噪声的危害及控制

一、井下噪声的来源及分类

井下几乎所有的设备运行都伴随着噪声，不仅声压级高而且声源分布面广,如凿岩机、风镐、煤电钻、采煤机、掘进机、装岩机、皮带运输机、风机等；井下许多工种受到噪声的危害，如掘进工、采煤工、锚喷工、维护工、放炮工以及水泵房、风机房、配电室、绞车房的工作人员等。

由于噪声影响，掩盖了透水前、瓦斯涌出前、顶板来压前、运输车辆来到前的征兆和信息，造成人身伤亡事故，给煤矿安全生产带来了极大的危害。

有人对某矿进行噪声测定，掘进工、采煤工、运输司机整个工作班接触超过国家卫生标准的噪声的时间分别占 57.3%、42.7% 和 55.4%。对 1882 名接触噪声人员听力检查结果显示，噪声性听力损害的检出率高达 48.2%。

二、噪声对健康的危害

噪声对人体的危害是多方面的，主要表现在：

（1）损害听觉。短时间暴露在噪声下，可引起以听力减弱、听觉敏感性下降为症状的听觉疲劳。长期在噪声的作用下，可引起永久性耳聋。噪声在 80 分贝以下对听力的损害甚小，一般不致引起职业性耳聋；噪声在 80 分贝以上，对听力有不同程度影响；而噪声在 95 分贝以上，对听力损害的发生率逐渐升高；140 分贝的噪声，在短期内即可造成永久性听力损失；150 分贝的噪声，听觉器官将会发生急性外伤（耳膜破裂），造成双耳完全失聪。

噪声性耳聋不能治愈，一旦耳聋，便无法治愈。噪声性耳聋是法定的职业病，而由噪声引起的其他疾病目前还未被列入职业病目录。

（2）影响交谈与思考。噪声环境下，语言的清晰度降低，正常的交谈和思考受到影响。

（3）影响睡眠。噪声在 40 分贝以下，对人的睡眠基本无影响；噪声在 55 分贝以上，严重影响人的休息和灵敏度。

（4）引起各种病症。长时间接触高声级噪声，除引起职业性耳聋外，还可引发食欲不振、消化不良，恶心，呕吐，头痛，血压升高、心跳加快和失眠等全身性病症。

（5）引起事故。强烈噪声可导致某些机器、设备、仪表甚至建筑物的损坏或精度等下降；在某些特殊场所，强烈的噪声可掩盖警告音响等，引起设备损坏或人员伤亡事故。

三、噪声危害的影响因素

（1）噪声工龄和每个工作日的接触时间。工龄越长，职业性耳聋的发生几率越大；噪声强度越大，出现听力损失的时间越短。噪声强度虽不很大，但作用时间极长时，也能引起听力损失。

（2）噪声的性质。强度和频率经常变化的噪声，比稳定噪声的危害更大。脉冲噪声、噪声与振动同时存在等情况，对听力损害更大。

（3）噪声的强度和频率组成。噪声的强度越大，对人体的危害越大。噪声的频率对于人体危害程度很大，高频噪声较低频噪声对人体的危害更大。

（4）个体感受与个人防护。个体对噪声的感觉也会影响听力损失的程度和发病几率。佩戴个人护耳用具可以减缓噪声对听力的损害。

四、井下噪声的控制

噪声在环境中如果不积累、不持久、不远距离传播，对人的健康影响还是有限的。控制噪声危害也就是从声源、传播途径和接收者三个方面入手：

（1）降低声源的噪声，这是最积极最彻底的措施。如采购低噪声的设备，改进机械设计、改革工艺和操作方法，提高加工精度，提高装配质量等。

（2）从传播途径控制噪声，合理布局，闹静分离，采取隔声吸声消声措施等。如装消声设备、减震垫、密封、屏蔽等。

（3）个体防护。工作人员佩戴防噪声的耳塞、耳罩等。

五、国家安监局对煤矿井下噪声的防治要求

要求煤矿作业场所从业人员每天连续接触噪声时间达到或者超过 8 小时的，噪声声级限值为 85 分贝（A）；每天接触噪声时间不足 8 小时的，可根据实际接触噪声的时间，按照接触噪声时间减半、噪声声级限值增加 3 分贝（A）的原则确定其声级限值，最高不得超过 115 分贝（A）。煤矿作业场所噪声每年至少监测 1 次。

煤矿作业场所噪声的井下监测地点主要包括：风动凿岩机、风镐、局部通风机、煤电钻、乳化液机、采煤机、掘进机、带式输送机、运输车等地点。在每个监测地点选择 3 个测点，取平均值。

井工矿在通风机房室内墙壁、屋面敷设吸声体；在压风机房设备进气口安装消声器，室内表面做吸声处理；对主井绞车房内表面进行吸声处理，局部设置隔声屏；在巷道掘进中应使用液动凿岩机或凿岩台车；在采煤工作面应使用双边链条刮板输送机等措施控制噪声。

第七节 高温作业的危害及控制

一、矿井高温热源

产生矿井高温热害的热量来源就是矿井高温热源。导致矿井热害的热源较多，归纳起来有以下几个方面：

（1）地热是产生矿井热害的主要热源。地热主要来源于岩浆活动，特别是中、新生代以来的岩浆侵入体和火山活动；其次是来源于放射性物质的蜕变热、化学反应热及其他物理反应热源。离地表越深，温度越高。当地下水通过断裂、裂隙与深部热源发生联系时，可形成局部热水地热异常。矿井建设和井下采矿过程中，岩温放热和热水涌出都能导致矿井热害。

（2）机电设备生热是机械化矿井的一个重要热源。机电设备的全部无用功均转化为热能，部分有用功除在破碎岩石和提升矿石中转化为势能外，其余部分转化成热能。如采煤机械所耗功率约有80%转化为热能。

（3）煤炭或硫化矿石氧化生热是采掘工作面高温的又一热源，有时这种放热量可占工作面风流带出热量的20%以上。

（4）入风气温过高是小型浅井和大型深井建井时期夏季高温的主要原因，主要发生在低纬度地区。

（5）其他热源，如人体散热、充填材料和生产用水放热等。

在各种热源中，地热是最主要的热源，其次是煤炭和硫化矿石氧化生热以及机械生热。

二、高温作业对人体健康的危害

（1）高温对人体机能的影响。人体从事高温作业时，生理功能可出现一系列改变，这些变化在一定限度范围内是适应性反应，超过此范围，则产生不良影响，甚至引起病变。

①对泌尿系统的影响。高温下，人体的大部分体液由汗腺排出，经肾脏排出的水盐量大大减少，使尿液浓缩，肾脏负担加重。

②对循环系统的影响。高温作业时，皮肤血管扩张，大量出汗使血液浓缩，造成心脏活动增加、心跳加快、血压升高、心血管负担增加。

③对神经系统的影响。在高温及热辐射作用下，肌肉的工作能力、动作的准确性、协调性、反应速度及注意力降低。

④对消化系统的影响。高温对唾液分泌有抑制作用，使胃液

少，胃蠕动减慢，造成食欲不振；大量出汗和氯化物的丧夫，使胃液酸度降低，易造成消化不良。此外，高温可使小肠运动减慢，形成其他胃肠道疾病。

(2) 中暑。高温作业使人体产生一系列的生理改变，当人机体产生的热量和获得的热量大于散热时，体温升高.因大量出汗机体严重缺水和缺盐，心脏负荷加重、心率增加、血压下降，食欲减退、消化不良，严重时还可导致中暑。中暑是受热作用而发生的一种急性疾病的统称。

三、井下防暑降温的措施

(1) 组织措施。加强宣传教育，教育职工遵守高温作业安全规程和卫生保健制度。劳动休息制度应制定合理。高温下作业应尽量缩短工作时间，可实行换班。增加工作休息次数，延长午休时间等方法。休息地点应远离热源，应备有清凉饮料、风扇、洗澡设备等。有条件的可在休息室安装空调器或采取其他防暑降温措施。

(2) 技术措施。改革工艺过程。合理设计或改革生产工艺过程，改进生产设备和操作方法，尽量实现机械化、自动化、仪表控制，消除高温和热辐射对人的危害。

(3) 保健措施。主要包括：供给含盐饮料。向高温作业人员提供足量合乎卫生要求的含盐饮料，以补充人体所需的水分和盐分。发放保健食品。高温环境下作业，能量消耗增加，应增加蛋白质、热量、维生素等的摄入，以减轻疲劳，提高工作效率。

(4) 加强个人防护。高温作业的工作服应穿白色、透气性好、导热系数小的帆布工作服，应按不同作业需要，供给工作帽、防护眼镜、隔热面罩、隔热靴等。

(5) 医疗预防。对高温作业人员应进行就业前和入暑前体检，凡有心血管系统疾病、高血压、溃疡病、肺气肿、肝病、肾病等疾病的人员不宜从事高温作业。

（6）通风降温。采取减少风阻，防止漏风，增加风机能力，加强通风管量等措施保证风量，降低到达工作面风流的温度。

第十四章　煤矿企业的工伤保险制度

第一节　中国的工伤保险制度

工伤保险，又称职业伤害保险，是社会保险制度中的重要组成部分。是指国家和社会为在生产、工作中遭受事故伤害和患职业性疾病的劳动及亲属提供医疗救治、生活保障、经济补偿，医疗和职业康复等物质帮助的一种社会保障制度。

工伤即职业伤害所造成的直接后果是伤害到职工生命健康，并由此造成职工及家庭成员的精神痛苦和经济损失，也就是说劳动者的生命健康权、生存权和劳动权利受到影响、损害甚至被剥夺了。劳动者在其单位工作、劳动，必然形成劳动者和用人单位之间相互的劳动关系，在劳动过程中，用人单位支付劳动者工资的待遇。如果不幸而发生了事故，造成劳动者的伤残、死亡或患职业病，此时，劳动者就自然具有享受工伤保险的权利。劳动者的这种权利是由国家宪法和劳动法给予根本保障的。

1994 年 7 月 5 日第八届全国人大常委会第八次会议通过了《中华人民共和国劳动法》，其中第 73 条的规定，劳动者因工伤残或者患职业病，依法享受社会保险待遇。这一基本法以国家法律的形式保障了工伤者及其亲属享受工伤保险待遇。

原劳动部于 1996 年颁布了《企业职工工伤保险试行办法》，第一次将工伤保险作为单独的保险制度统一组织实施，对沿用了40 多年的企业自我保障的工伤福利制度进行了改革。同时，原劳动部组织制定并由原国家技术监督局颁布了《职工工伤与职业病致残程度鉴定》的国家标准。这两个文件的颁布实施，对工伤保险制度改革具有体制创新和机制转换的意义，取得了初步成效：一是保障了参保职工的基本权益，受到职工的欢迎；二是分散了企业风险，减轻了企业特别是事故多发企业的负担；三是初步建立了工伤保险预防机制，企业的安全措施得到增强；四是探索了路子，积累了工伤保险制度改革的经验；五是锻炼了队伍，初步建立了一支懂得工伤保险政策，会经办工伤保险业务的专业工作队伍。

2003 年 4 月，国务院颁布了《工伤保险条例》。《条例》共分八章六十七条，包括总则、工伤保险基金、工伤认定、劳动能力鉴定、工伤保险待遇、监督管理、法律责任和附则。

《工伤保险条例》出台后，工伤保险各项政策措施不断完善，相继出台了《工伤认定办法》、《因工死亡职工供养亲属范围规定》、《非法用工单位伤亡人员一次性赔偿办法》等一系列政策措施，进一步推进了工伤保险各项工作。

为切实推进农民工的参保工作，2004 年 6 月，劳动保障部发出了《关于农民工参加工伤保险有关问题的通知》，提出了切实有效的政策措施：

1. 优先解决农民工工伤保险问题，对用人单位为农民工先行办理工伤保险的，各地经办机构应予办理。

2. 用人单位注册地与生产经营地不在同一统筹地区的，可在生产经营地为农民工参保。

3. 农民工受到事故伤害或患职业病后，在参保地进行工伤认定、劳动能力鉴定，并按照参保地的规定依法享受工伤保险待遇。

4. 用人单位在注册地和生产经营地均未参加工伤保险的，农民工受到事故伤害或者患职业病后，在生产经营地进行工伤认定、劳动能力鉴定，并按照生产经营地的规定依法由用人单位支付工伤保险待遇。

5. 对跨地区流动就业的农民工，工伤后的长期待遇可试行一次性支付和长期支付两种方式，供农民工选择。实现农民工工伤保险待遇领取便捷化，进一步方便农民工领取和享受工伤待遇。

为进一步做好农民工工伤保险工作，2006年5月，按照国务院5号文件要求，劳动保障部制定并组织实施了以推进矿山、建筑等高风险企业农民工参加工伤保险为主要内容的"平安计划"，提出了三年内实现高风险企业农民工全部参加工伤保险的工作目标。

2003年《工伤保险条例》正式实施以后的三年里，我国的工伤保险年增参保人数连续超过1500万，从2003年底的4575万，增加到2006年11月底的10030万，三年增加了5455万人，翻了一番多。工伤保险成为继养老保险、医疗保险和失业保险后又一个参保人数过亿人的社会保险险种。

2010年12月20日，国务院通过了《国务院关于修改〈工伤保险条例〉的决定》。《决定》对2004年1月1日起施行的《工伤保险条例》作出了修改，扩大了上下班途中的工伤认定范围，同时还规定了除现行规定的机动车事故以外，职工在上下班途中受到非本人主要责任的非机动车交通事故或者城市轨道交通、客运轮渡、火车事故伤害，也应当认定为工伤。

根据国家的有关法律、条例和规定，各行业、地方又制定了相应工伤保险制度和实施办法。

第二节 工伤保险遵循的原则和作用及其基本特点

一、职工工伤事故和职业病报告制度

煤矿企业发生伤亡事故必须立即组织抢救，立即如实报告当地安全生产监督管理部门和其他有关部门。未及时如实报告煤矿

事故或者瞒报事故的，按照国家规定将受到处罚。同时，煤矿企业也应做好伤亡事故的统计、分析工作。

职业病是指职工在生产劳动过程及其他职业活动中，因接触职业性有害毒素引起的疾病。企业发生职业病应及时上报。职工被确诊患有职业病后，其所在单位应根据职业病诊断机构的意见，安排其医疗或疗养。在医治或疗养被确认不宜继续从事原有害作业或工作的，自确认之日起的两个月内调离原工作岗位，另行安排工作。对于因工作需要暂不能调离的生产、工作技术骨干，调离期限最长不得超过半年。

二、工伤保险遵循的原则：

1. 无责任补偿（无过失补偿）原则；

2. 国家立法，强制实施原则；

3. 风险分担，互助互济原则；

4. 个人不缴费原则；

5. 区别因工与非因工原则；

6. 经济赔偿与事故预防、职业病防治相结合原则；

7. 一次性补偿与长期补偿相结合原则；

8. 确定伤残和职业病等级原则；

9. 区别直接经济损失与间接经济损失原则；

10. 社会管理原则。

此外还应遵循损失补偿与事故预防及职业康复相结合的原则、待遇优厚的原则等。

三、工伤保险的作用

1. 工伤保险作为社会保险制度的一个组成部分，是国家通过立法强制实施的，是国家对职工履行的社会责任，也是职工应该享受的基本权利。工伤保险的实施是人类文明和社会发展的标志和成果。

2. 实行工伤保险保障了工伤职工医疗以及其基本生活、伤残抚恤和遗属抚恤，在一定程度上解除了职工和家属的后顾之忧。工伤补偿体现出国家和社会对职工的尊重，有利于提高他们的工作积极性。

3. 建立工伤保险有利于促进安全生产，保护和发展社会生产力。工伤保险与生产单位改善劳动条件，防病防伤、安全教育，医疗康复和社会服务等工作紧密相连。对提高生产经营单位和职工的安全生产，防止或减少工伤、职业病，保护职工的身体健康，至关重要。

4. 工伤保险保障了受伤害职工的合法权益，有利于妥善处理事故和恢复生产，维护正常的生产、生活秩序，维护社会安定。

四、工伤保险的基本特点

一是强制性，它是由国家立法强制执行的；二是非营利性，工伤保险是国家对劳动者履行的社会责任，并非以营利为目的，也是劳动者应该享受的基本权利；三是保障性，是指劳动者在发生工伤事故后，对劳动者或其遗属支付的工伤待遇要保障其基本生活；四是互助互济性，是指通过向各用人单位强制征收保险费，建立工伤保险基金，在统筹地区范围之内、行业之间和单位之间实行再分配，相互调剂使用。

第三节　《工伤保险条例》的实施范围及认定工伤的范围

一、《工伤保险条例》的实施范围

《工伤保险条例》规定：中华人民共和国境内的企业、事业单位、社会团体、民办非企业单位、基金会、律师事务所、会计师事务所等组织和有雇工的个体工商户（以下称用人单位）应当依照本条例规定参加工伤保险，为本单位全部职工或者雇工（以下称职工）缴纳工伤保险费。

二、《工伤保险条例》认定工伤的范围

1. 职工有下列情形之一的，应当认定为工伤：

（1）在工作时间和工作场所内，因工作原因受到事故伤害的；

（2）工作时间前后在工作场所内，从事与工作有关的预备性或者收尾性工作受到事故伤害的；

（3）在工作时间和工作场所内，因履行工作职责受到暴力等意外伤害的；

（4）患职业病的；

（5）因工外出期间，由于工作原因受到伤害或者发生事故下落不明的；

（6）在上下班途中，受到非本人主要责任的交通事故或者城市轨道交通、客运轮渡、火车事故伤害的；

（7）法律、行政法规规定应当认定为工伤的其他情形。

2. 职工有下列情形之一的，视同工伤：

（1）在工作时间和工作岗位，突发疾病死亡或者在 48 小时之内抢救无效死亡的。

（2）在抢险救灾等维护国家利益、公共利益活动中受到伤害的。

（3）职工原在军队服役，因战、因工负伤致残，已取得革命伤残军人证，到用人单位后旧伤复发的。

3. 职工有下列情形的不得认定工伤或视同工伤：

（1）因犯罪或者违反治安管理伤亡的。

（2）醉酒导致伤亡的。

（3）自残或者自杀的。

第四节　工伤认定的时效规定及应当提交的材料

一、工伤认定的时效规定

《工伤保险条例》规定，职工发生事故伤害或者按照职业病防治法规定被诊断、鉴定为职业病，所在单位应当在事故伤害发生之日或者被诊断、鉴定为职业病之日起 30 日内，向统筹地区社会保险行政部门提出工伤认定申请。社会保险行政部门应当自受理工伤认定申请之日起 60 日内作出工伤认定，并书面通知申请工伤认定的职工或者其直系亲属和该职工所在单位。《山西省实施〈工伤保险条例〉试行办法》规定，遇有特殊情况，不能提出工伤认定申请的，经报统筹地区劳动保障行政部门同意，申请时限可适当延长，但时间不得超过 150 日。

用人单位未按前款规定提出工伤认定申请的，工伤职工或者其直系亲属、工会组织在事故伤害发生之日或者被诊断、鉴定为职业病之日起 1 年内，可以直接向用人单位所在地统筹地区社会保险行政部门提出工伤认定申请。

二、提出工伤认定申请应当提交的材料

一般工伤应当提供以下材料：

（1）工伤认定申请表；

（2）用人单位营业执照复印件（工伤职工或者其直系亲属、工会组织提出申请的可以不提供）；

（3）本人身份证复印件；

（4）劳动合同文本复印件或者其他建立劳动关系的有效证明；

（5）医疗诊断证明或者职业病诊断证明（或者职业病诊断鉴定书）。

因履行工作职责受到暴力伤害的，提交公安机关或者人民法院的判决书或其他有效证明。

由于机动车事故引起的伤亡事故提出工伤认定的，提交公安交通管理等部门的责任认定书或其他有效证明。

因工外出期间，由于工作原因受到伤害的，提交公安机关证明或者其他证明；发生事故下落不明的，认定因工死亡提交人民法院宣告死亡的结论。

在工作时间和工作岗位，突发疾病死亡或者在 48 小时之内经抢救无效死亡的，提交医疗机构的抢救和死亡证明。

属于抢险救灾等维护国家利益、公共利益活动中受到伤害的，按照法律法规规定，提交有效证明。

属于因战、因公负伤致残的转业、复员军人，旧伤复发的，提交《革命伤残军人证》及医疗机构对旧伤复发的诊断证明。

第五节　工伤保险待遇的支付

一、由工伤保险基金支付的工伤保险待遇

（1）工伤医疗费；

（2）辅助器具配置费；

（3）一次性伤残补助金（1~10 级伤残）；

（4）伤残津贴（1~4 级伤残）；

（5）生活护理费；

（6）丧葬补助金；

（7）供养亲属抚恤金；

（8）一次性工亡补助金；

（9）住院治疗工伤期间的伙食补助费及到统筹地区以外就医所需交通、食宿费；

（10）一次性工伤医疗补助金。

二、由用人单位支付的工伤保险待遇

（1）停工留薪期内的工资福利及陪护费用；

（2）伤残五至六级难以安排工作的工伤职工的伤残津贴；

（3）一次性伤残就业补助金。

用人单位按照条例规定应当参加而未参加工伤保险的，在此期间职工发生工伤的，由该用人单位按照国家规定的工伤保险待遇项目和标准支付费用。

三、由本人承担的费用

（1）工伤职工治疗工伤、职业病超出国家规定的工伤保险诊疗项目目录、工伤保险药品目录、工伤保险住院服务标准以外发生的费用；

（2）未经批准到统筹地区以外治疗的费用；

（3）未经批准进行康复性治疗的费用；

（4）配置辅助器具超过国家规定的标准以上的费用。

附　录

中华人民共和国《工伤保险条例》

（2003 年 4 月 27 日中华人民共和国国务院令第 375 号公布　根据 2010 年 12 月 20 日《国务院关于修改〈工伤保险条例〉的决定》修订）

第一章　总　则

第一条　为了保障因工作遭受事故伤害或者患职业病的职工获得医疗救治和经济补偿，促进工伤预防和职业康复，分散用人单位的工伤风险，制定本条例。

第二条　中华人民共和国境内的企业、事业单位、社会团体、民办非企业单位、基金会、律师事务所、会计师事务所等组织和有雇工的个体工商户（以下称用人单位）应当依照本条例规定参加工伤保险，为本单位全部职工或者雇工（以下称职工）缴纳工伤保险费。

中华人民共和国境内的企业、事业单位、社会团体、民办非企业单位、基金会、律师事务所、会计师事务所等组织的职工和个体工商户的雇工，均有依照本条例的规定享受工伤保险待遇的权利。

第三条　工伤保险费的征缴按照《社会保险费征缴暂行条例》关于基本养老保险费、基本医疗保险费、失业保险费的征缴规定执行。

第四条　用人单位应当将参加工伤保险的有关情况在本单位内公示。

用人单位和职工应当遵守有关安全生产和职业病防治的法律法规，执行安全卫生规程和标准，预防工伤事故发生，避免和减少职业病危害。

职工发生工伤时，用人单位应当采取措施使工伤职工得到及时救治。

第五条　国务院社会保险行政部门负责全国的工伤保险工作。

县级以上地方各级人民政府社会保险行政部门负责本行政区域内的工伤保险工作。

社会保险行政部门按照国务院有关规定设立的社会保险经办机构（以下称经办机构）具体承办工伤保险事务。

第六条　社会保险行政部门等部门制定工伤保险的政策、标准，应当征求工会组织、用人单位代表的意见。

第二章　工伤保险基金

第七条　工伤保险基金由用人单位缴纳的工伤保险费、工伤保险基金的利息和依法纳入工伤保险基金的其他资金构成。

第八条　工伤保险费根据以支定收、收支平衡的原则，确定费率。

国家根据不同行业的工伤风险程度确定行业的差别费率，并根据工伤保险费使用、工伤发生率等情况在每个行业内确定若干费率档次。行业差别费率及行业内费率档次由国务院社会保险行政部门制定，报国务院批准后公布施行。

统筹地区经办机构根据用人单位工伤保险费使用、工伤发生率等情况，适用所属行业内相应的费率档次确定单位缴费费率。

第九条　国务院社会保险行政部门应当定期了解全国各统筹地区工伤保险基金收支情况，及时提出调整行业差别费率及行业内费率档次的方案，报国务院批准后公布施行。

第十条　用人单位应当按时缴纳工伤保险费。职工个人不缴纳工伤保险费。

用人单位缴纳工伤保险费的数额为本单位职工工资总额乘以单位缴费费率之积。

对难以按照工资总额缴纳工伤保险费的行业，其缴纳工伤保险费的具体方式，由国务院社会保险行政部门规定。

第十一条　工伤保险基金逐步实行省级统筹。

跨地区、生产流动性较大的行业，可以采取相对集中的方式异地参加统筹地区的工伤保险。具体办法由国务院社会保险行政部门会同有关行业的主管部门制定。

第十二条　工伤保险基金存入社会保障基金财政专户，用于本条例规定的工伤保险待遇，劳动能力鉴定，工伤预防的宣传、培训等费用，以及法律、法规规定的用于工伤保险的其他费用的支付。

工伤预防费用的提取比例、使用和管理的具体办法，由国务院社会保险行政部门会同国务院财政、卫生行政、安全生产监督管理等部门规定。

任何单位或者个人不得将工伤保险基金用于投资运营、兴建或者改建办公场所、发放奖金，或者挪作其他用途。

第十三条　工伤保险基金应当留有一定比例的储备金，用于统筹地区重大事故的工伤保险待遇支付；储备金不足支付的，由统筹地区的人民政府垫付。储备金占基金总额的具体比例和储备金的使用办法，由省、自治区、直辖市人民政府规定。

第三章 工伤认定

第十四条 职工有下列情形之一的，应当认定为工伤：

（一）在工作时间和工作场所内，因工作原因受到事故伤害的；

（二）工作时间前后在工作场所内，从事与工作有关的预备性或者收尾性工作受到事故伤害的；

（三）在工作时间和工作场所内，因履行工作职责受到暴力等意外伤害的；

（四）患职业病的；

（五）因工外出期间，由于工作原因受到伤害或者发生事故下落不明的；

（六）在上下班途中，受到非本人主要责任的交通事故或者城市轨道交通、客运轮渡、火车事故伤害的；

（七）法律、行政法规规定应当认定为工伤的其他情形。

第十五条 职工有下列情形之一的，视同工伤：

（一）在工作时间和工作岗位，突发疾病死亡或者在 48 小时之内经抢救无效死亡的；

（二）在抢险救灾等维护国家利益、公共利益活动中受到伤害的；

（三）职工原在军队服役，因战、因公负伤致残，已取得革命伤残军人证，到用人单位后旧伤复发的。

职工有前款第（一）项、第（二）项情形的，按照本条例的有关规定享受工伤保险待遇；职工有前款第（三）项情形的，按照本条例的有关规定享受除一次性伤残补助金以外的工伤保险待遇。

第十六条 职工符合本条例第十四条、第十五条的规定，但是有下列情形之一的，不得认定为工伤或者视同工伤：

（一）故意犯罪的；

（二）醉酒或者吸毒的；

（三）自残或者自杀的。

第十七条　职工发生事故伤害或者按照职业病防治法规定被诊断、鉴定为职业病，所在单位应当自事故伤害发生之日或者被诊断、鉴定为职业病之日起 30 日内，向统筹地区社会保险行政部门提出工伤认定申请。遇有特殊情况，经报社会保险行政部门同意，申请时限可以适当延长。

用人单位未按前款规定提出工伤认定申请的，工伤职工或者其近亲属、工会组织在事故伤害发生之日或者被诊断、鉴定为职业病之日起 1 年内，可以直接向用人单位所在地统筹地区社会保险行政部门提出工伤认定申请。

按照本条第一款规定应当由省级社会保险行政部门进行工伤认定的事项，根据属地原则由用人单位所在地的设区的市级社会保险行政部门办理。

用人单位未在本条第一款规定的时限内提交工伤认定申请，在此期间发生符合本条例规定的工伤待遇等有关费用由该用人单位负担。

第十八条　提出工伤认定申请应当提交下列材料：

（一）工伤认定申请表；

（二）与用人单位存在劳动关系（包括事实劳动关系）的证明材料；

（三）医疗诊断证明或者职业病诊断证明书（或者职业病诊断鉴定书）。

工伤认定申请表应当包括事故发生的时间、地点、原因以及职工伤害程度等基本情况。

工伤认定申请人提供材料不完整的，社会保险行政部门应当一次性书面告知工伤认定申请人需要补正的全部材料。申请人按照书面告知要求补正材料后，社会保险行政部门应当受理。

第十九条 社会保险行政部门受理工伤认定申请后，根据审核需要可以对事故伤害进行调查核实，用人单位、职工、工会组织、医疗机构以及有关部门应当予以协助。职业病诊断和诊断争议的鉴定，依照职业病防治法的有关规定执行。对依法取得职业病诊断证明书或者职业病诊断鉴定书的，社会保险行政部门不再进行调查核实。

职工或者其近亲属认为是工伤，用人单位不认为是工伤的，由用人单位承担举证责任。

第二十条 社会保险行政部门应当自受理工伤认定申请之日起 60 日内作出工伤认定的决定，并书面通知申请工伤认定的职工或者其近亲属和该职工所在单位。

社会保险行政部门对受理的事实清楚、权利义务明确的工伤认定申请，应当在 15 日内作出工伤认定的决定。

作出工伤认定决定需要以司法机关或者有关行政主管部门的结论为依据的，在司法机关或者有关行政主管部门尚未作出结论期间，作出工伤认定决定的时限中止。

社会保险行政部门工作人员与工伤认定申请人有利害关系的，应当回避。

第四章 劳动能力鉴定

第二十一条 职工发生工伤，经治疗伤情相对稳定后存在残疾、影响劳动能力的，应当进行劳动能力鉴定。

第二十二条 劳动能力鉴定是指劳动功能障碍程度和生活自理障碍程度的等级鉴定。

劳动功能障碍分为十个伤残等级，最重的为一级，最轻的为十级。

生活自理障碍分为三个等级：生活完全不能自理、生活大部分不能自理和生活部分不能自理。

劳动能力鉴定标准由国务院社会保险行政部门会同国务院卫生行政部门等部门制定。

第二十三条　劳动能力鉴定由用人单位、工伤职工或者其近亲属向设区的市级劳动能力鉴定委员会提出申请，并提供工伤认定决定和职工工伤医疗的有关资料。

第二十四条　省、自治区、直辖市劳动能力鉴定委员会和设区的市级劳动能力鉴定委员会分别由省、自治区、直辖市和设区的市级社会保险行政部门、卫生行政部门、工会组织、经办机构代表以及用人单位代表组成。

劳动能力鉴定委员会建立医疗卫生专家库。列入专家库的医疗卫生专业技术人员应当具备下列条件：

（一）具有医疗卫生高级专业技术职务任职资格；

（二）掌握劳动能力鉴定的相关知识；

（三）具有良好的职业品德。

第二十五条　设区的市级劳动能力鉴定委员会收到劳动能力鉴定申请后，应当从其建立的医疗卫生专家库中随机抽取3名或者5名相关专家组成专家组，由专家组提出鉴定意见。设区的市级劳动能力鉴定委员会根据专家组的鉴定意见作出工伤职工劳动能力鉴定结论；必要时，可以委托具备资格的医疗机构协助进行有关的诊断。

设区的市级劳动能力鉴定委员会应当自收到劳动能力鉴定申请之日起60日内作出劳动能力鉴定结论，必要时，作出劳动能力鉴定结论的期限可以延长30日。劳动能力鉴定结论应当及时送达申请鉴定的单位和个人。

第二十六条　申请鉴定的单位或者个人对设区的市级劳动能力鉴定委员会作出的鉴定结论不服的，可以在收到该鉴定结论之日起15日内向省、自治区、直辖市劳动能力鉴定委员会提出再次鉴定申请。省、自治区、直辖市劳动能力鉴定委员会作出的劳动能力鉴定结论为最终结论。

第二十七条 劳动能力鉴定工作应当客观、公正。劳动能力鉴定委员会组成人员或者参加鉴定的专家与当事人有利害关系的，应当回避。

第二十八条 自劳动能力鉴定结论作出之日起1年后，工伤职工或者其近亲属、所在单位或者经办机构认为伤残情况发生变化的，可以申请劳动能力复查鉴定。

第二十九条 劳动能力鉴定委员会依照本条例第二十六条和第二十八条的规定进行再次鉴定和复查鉴定的期限，依照本条例第二十五条第二款的规定执行。

第五章 工伤保险待遇

第三十条 职工因工作遭受事故伤害或者患职业病进行治疗，享受工伤医疗待遇。

职工治疗工伤应当在签订服务协议的医疗机构就医，情况紧急时可以先到就近的医疗机构急救。

治疗工伤所需费用符合工伤保险诊疗项目目录、工伤保险药品目录、工伤保险住院服务标准的，从工伤保险基金支付。工伤保险诊疗项目目录、工伤保险药品目录、工伤保险住院服务标准，由国务院社会保险行政部门会同国务院卫生行政部门、食品药品监督管理部门等部门规定。

职工住院治疗工伤的伙食补助费，以及经医疗机构出具证明，报经办机构同意，工伤职工到统筹地区以外就医所需的交通、食宿费用从工伤保险基金支付，基金支付的具体标准由统筹地区人民政府规定。

工伤职工治疗非工伤引发的疾病，不享受工伤医疗待遇，按照基本医疗保险办法处理。

工伤职工到签订服务协议的医疗机构进行工伤康复的费用，符合规定的，从工伤保险基金支付。

第三十一条 社会保险行政部门作出认定为工伤的决定后发生行政复议、行政诉讼的，行政复议和行政诉讼期间不停止支付工伤职工治疗工伤的医疗费用。

第三十二条 工伤职工因日常生活或者就业需要，经劳动能力鉴定委员会确认，可以安装假肢、矫形器、假眼、假牙和配置轮椅等辅助器具，所需费用按照国家规定的标准从工伤保险基金支付。

第三十三条 职工因工作遭受事故伤害或者患职业病需要暂停工作接受工伤医疗的，在停工留薪期内，原工资福利待遇不变，由所在单位按月支付。

停工留薪期一般不超过12个月。伤情严重或者情况特殊，经设区的市级劳动能力鉴定委员会确认，可以适当延长，但延长不得超过12个月。工伤职工评定伤残等级后，停发原待遇，按照本章的有关规定享受伤残待遇。工伤职工在停工留薪期满后仍需治疗的，继续享受工伤医疗待遇。

生活不能自理的工伤职工在停工留薪期需要护理的，由所在单位负责。

第三十四条 工伤职工已经评定伤残等级并经劳动能力鉴定委员会确认需要生活护理的，从工伤保险基金按月支付生活护理费。

生活护理费按照生活完全不能自理、生活大部分不能自理或者生活部分不能自理3个不同等级支付，其标准分别为统筹地区上年度职工月平均工资的50%、40%或者30%。

第三十五条 职工因工致残被鉴定为一级至四级伤残的，保留劳动关系，退出工作岗位，享受以下待遇：

（一）从工伤保险基金按伤残等级支付一次性伤残补助金，标准为：一级伤残为 27 个月的本人工资，二级伤残为 25 个月的本人工资，三级伤残为 23 个月的本人工资，四级伤残为 21 个月的本人工资；

（二）从工伤保险基金按月支付伤残津贴，标准为：一级伤残为本人工资的 90%，二级伤残为木人工资的 85%，三级伤残为本人工资的 80%，四级伤残为本人工资的 75%。伤残津贴实际金额低于当地最低工资标准的，由工伤保险基金补足差额；

（三）工伤职工达到退休年龄并办理退休手续后，停发伤残津贴，按照国家有关规定享受基本养老保险待遇。基本养老保险待遇低于伤残津贴的，由工伤保险基金补足差额。

职工因工致残被鉴定为一级至四级伤残的，由用人单位和职工个人以伤残津贴为基数，缴纳基本医疗保险费。

第三十六条　职工因工致残被鉴定为五级、六级伤残的，享受以下待遇：

（一）从工伤保险基金按伤残等级支付一次性伤残补助金，标准为：五级伤残为 18 个月的本人工资，六级伤残为 16 个月的本人工资；

（二）保留与用人单位的劳动关系，由用人单位安排适当工作。难以安排工作的，由用人单位按月发给伤残津贴，标准为：五级伤残为本人工资的 70%，六级伤残为本人工资的 60%，并由用人单位按照规定为其缴纳应缴纳的各项社会保险费。伤残津贴实际金额低于当地最低工资标准的，由用人单位补足差额。

经工伤职工本人提出，该职工可以与用人单位解除或者终止劳动关系，由工伤保险基金支付一次性工伤医疗补助金，由用人单位支付一次性伤残就业补助金。一次性工伤医疗补助金和一次性伤残就业补助金的具体标准由省、自治区、直辖市人民政府规定。

第三十七条　职工因工致残被鉴定为七级至十级伤残的，享受以下待遇：

（一）从工伤保险基金按伤残等级支付一次性伤残补助金，标准为：七级伤残为 13 个月的本人工资，八级伤残为 11 个月的本人工资，九级伤残为 9 个月的本人工资，十级伤残为 7 个月的本人工资；

（二）劳动、聘用合同期满终止，或者职工本人提出解除劳动、聘用合同的，由工伤保险基金支付一次性工伤医疗补助金，由用人单位支付一次性伤残就业补助金。一次性工伤医疗补助金和一次性伤残就业补助金的具体标准由省、自治区、直辖市人民政府规定。

第三十八条　工伤职工工伤复发，确认需要治疗的，享受本条例第三十条、第三十二条和第三十三条规定的工伤待遇。

第三十九条　职工因工死亡，其近亲属按照下列规定从工伤保险基金领取丧葬补助金、供养亲属抚恤金和一次性工亡补助金：

（一）丧葬补助金为 6 个月的统筹地区上年度职工月平均工资；

（二）供养亲属抚恤金按照职工本人工资的一定比例发给由因工死亡职工生前提供主要生活来源、无劳动能力的亲属。标准为：配偶每月 40%，其他亲属每人每月 30%，孤寡老人或者孤儿每人每月在上述标准的基础上增加 10%。核定的各供养亲属的抚恤金之和不应高于因工死亡职工生前的工资。供养亲属的具体范围由国务院社会保险行政部门规定；

（三）一次性工亡补助金标准为上一年度全国城镇居民人均可支配收入的 20 倍。

伤残职工在停工留薪期内因工伤导致死亡的，其近亲属享受本条第一款规定的待遇。

一级至四级伤残职工在停工留薪期满后死亡的，其近亲属可以享受本条第一款第（一）项、第（二）项规定的待遇。

第四十条　伤残津贴、供养亲属抚恤金、生活护理费由统筹地区社会保险行政部门根据职工平均工资和生活费用变化等情况适时调整。调整办法由省、自治区、直辖市人民政府规定。

第四十一条　职工因工外出期间发生事故或者在抢险救灾中下落不明的，从事故发生当月起3个月内照发工资，从第4个月起停发工资，由工伤保险基金向其供养亲属按月支付供养亲属抚恤金。生活有困难的，可以预支一次性工亡补助金的50%。职工被人民法院宣告死亡的，按照本条例第三十九条职工因工死亡的规定处理。

第四十二条　工伤职工有下列情形之一的，停止享受工伤保险待遇：

（一）丧失享受待遇条件的；

（二）拒不接受劳动能力鉴定的；

（三）拒绝治疗的。

第四十三条　用人单位分立、合并、转让的，承继单位应当承担原用人单位的工伤保险责任；原用人单位已经参加工伤保险的，承继单位应当到当地经办机构办理工伤保险变更登记。

用人单位实行承包经营的，工伤保险责任由职工劳动关系所在单位承担。

职工被借调期间受到工伤事故伤害的，由原用人单位承担工伤保险责任，但原用人单位与借调单位可以约定补偿办法。

企业破产的，在破产清算时依法拨付应当由单位支付的工伤保险待遇费用。

第四十四条　职工被派遣出境工作，依据前往国家或者地区的法律应当参加当地工伤保险的，参加当地工伤保险，其国内工伤保险关系中止；不能参加当地工伤保险的，其国内工伤保险关系不中止。

第四十五条　职工再次发生工伤，根据规定应当享受伤残津贴的，按照新认定的伤残等级享受伤残津贴待遇。

第六章　监督管理

第四十六条　经办机构具体承办工伤保险事务，履行下列职责：

（一）根据省、自治区、直辖市人民政府规定，征收工伤保险费；

（二）核查用人单位的工资总额和职工人数，办理工伤保险登记，并负责保存用人单位缴费和职工享受工伤保险待遇情况的记录；

（三）进行工伤保险的调查、统计；

（四）按照规定管理工伤保险基金的支出；

（五）按照规定核定工伤保险待遇；

（六）为工伤职工或者其近亲属免费提供咨询服务。

第四十七条　经办机构与医疗机构、辅助器具配置机构在平等协商的基础上签订服务协议，并公布签订服务协议的医疗机构、辅助器具配置机构的名单。具体办法由国务院社会保险行政部门分别会同国务院卫生行政部门、民政部门等部门制定。

第四十八条　经办机构按照协议和国家有关目录、标准对工伤职工医疗费用、康复费用、辅助器具费用的使用情况进行核查，并按时足额结算费用。

第四十九条　经办机构应当定期公布工伤保险基金的收支情况，及时向社会保险行政部门提出调整费率的建议。

第五十条　社会保险行政部门、经办机构应当定期听取工伤职工、医疗机构、辅助器具配置机构以及社会各界对改进工伤保险工作的意见。

第五十一条　社会保险行政部门依法对工伤保险费的征缴和工伤保险基金的支付情况进行监督检查。

　　财政部门和审计机关依法对工伤保险基金的收支、管理情况进行监督。

　　第五十二条　任何组织和个人对有关工伤保险的违法行为，有权举报。社会保险行政部门对举报应当及时调查，按照规定处理，并为举报人保密。

　　第五十三条　工会组织依法维护工伤职工的合法权益，对用人单位的工伤保险工作实行监督。

　　第五十四条　职工与用人单位发生工伤待遇方面的争议，按照处理劳动争议的有关规定处理。

　　第五十五条　有下列情形之一的，有关单位或者个人可以依法申请行政复议，也可以依法向人民法院提起行政诉讼：

　　（一）申请工伤认定的职工或者其近亲属、该职工所在单位对工伤认定申请不予受理的决定不服的；

　　（二）申请工伤认定的职工或者其近亲属、该职工所在单位对工伤认定结论不服的；

　　（三）用人单位对经办机构确定的单位缴费费率不服的；

　　（四）签订服务协议的医疗机构、辅助器具配置机构认为经办机构未履行有关协议或者规定的；

　　（五）工伤职工或者其近亲属对经办机构核定的工伤保险待遇有异议的。

第七章　法律责任

　　第五十六条　单位或者个人违反本条例第十二条规定挪用工伤保险基金，构成犯罪的，依法追究刑事责任；尚不构成犯罪的，依法给予处分或者纪律处分。被挪用的基金由社会保险行政部门追回，并入工伤保险基金；没收的违法所得依法上缴国库。

　　第五十七条　社会保险行政部门工作人员有下列情形之一的，

依法给予处分；情节严重，构成犯罪的，依法追究刑事责任：

（一）无正当理由不受理工伤认定申请，或者弄虚作假将不符合工伤条件的人员认定为工伤职工的；

（二）未妥善保管申请工伤认定的证据材料，致使有关证据灭失的；

（三）收受当事人财物的。

第五十八条　经办机构有下列行为之一的，由社会保险行政部门责令改正，对直接负责的主管人员和其他责任人员依法给予纪律处分；情节严重，构成犯罪的，依法追究刑事责任；造成当事人经济损失的，由经办机构依法承担赔偿责任：

（一）未按规定保存用人单位缴费和职工享受工伤保险待遇情况记录的；

（二）不按规定核定工伤保险待遇的；

（三）收受当事人财物的。

第五十九条　医疗机构、辅助器具配置机构不按服务协议提供服务的，经办机构可以解除服务协议。

经办机构不按时足额结算费用的，由社会保险行政部门责令改正；医疗机构、辅助器具配置机构可以解除服务协议。

第六十条　用人单位、工伤职工或者其近亲属骗取工伤保险待遇，医疗机构、辅助器具配置机构骗取工伤保险基金支出的，由社会保险行政部门责令退还，处骗取金额 2 倍以上 5 倍以下的罚款；情节严重，构成犯罪的，依法追究刑事责任。

第六十一条　从事劳动能力鉴定的组织或者个人有下列情形之一的，由社会保险行政部门责令改正，处 2000 元以上 1 万元以下的罚款；情节严重，构成犯罪的，依法追究刑事责任：

（一）提供虚假鉴定意见的；

（二）提供虚假诊断证明的；

（三）收受当事人财物的。

第六十二条 用人单位依照本条例规定应当参加工伤保险而未参加的，由社会保险行政部门责令限期参加，补缴应当缴纳的工伤保险费，并自欠缴之日起，按日加收万分之五的滞纳金；逾期仍不缴纳的，处欠缴数额 1 倍以上 3 倍以下的罚款。

依照本条例规定应当参加工伤保险而未参加工伤保险的用人单位职工发生工伤的，由该用人单位按照本条例规定的工伤保险待遇项目和标准支付费用。

用人单位参加工伤保险并补缴应当缴纳的工伤保险费、滞纳金后，由工伤保险基金和用人单位依照本条例的规定支付新发生的费用。

第六十三条 用人单位违反本条例第十九条的规定，拒不协助社会保险行政部门对事故进行调查核实的，由社会保险行政部门责令改正，处 2000 元以上 2 万元以下的罚款。

第八章 附则

第六十四条 本条例所称工资总额，是指用人单位直接支付给本单位全部职工的劳动报酬总额。

本条例所称本人工资，是指工伤职工因工作遭受事故伤害或者患职业病前 12 个月平均月缴费工资。本人工资高于统筹地区职工平均工资 300%的，按照统筹地区职工平均工资的 300%计算；本人工资低于统筹地区职工平均工资 60%的，按照统筹地区职工平均工资的 60%计算。

第六十五条 公务员和参照公务员法管理的事业单位、社会团体的工作人员因工作遭受事故伤害或者患职业病的，由所在单位支付费用。具体办法由国务院社会保险行政部门会同国务院财政部门规定。

第六十六条 无营业执照或者未经依法登记、备案的单位以

214

及被依法吊销营业执照或者撤销登记、备案的单位的职工受到事故伤害或者患职业病的，由该单位向伤残职工或者死亡职工的近亲属给予一次性赔偿，赔偿标准不得低于本条例规定的工伤保险待遇；用人单位不得使用童工，用人单位使用童工造成童工伤残、死亡的，由该单位向童工或者童工的近亲属给予一次性赔偿，赔偿标准不得低于本条例规定的工伤保险待遇。具体办法由国务院社会保险行政部门规定。

前款规定的伤残职工或者死亡职工的近亲属就赔偿数额与单位发生争议的，以及前款规定的童工或者童工的近亲属就赔偿数额与单位发生争议的，按照处理劳动争议的有关规定处理。

第六十七条　本条例自 2004 年 1 月 1 日起施行。本条例施行前已受到事故伤害或者患职业病的职工尚未完成工伤认定的，按照本条例的规定执行。

山西省实施《工伤保险条例》试行办法

（山西省人民政府令第 170 号）

第一条　根据国务院《工伤保险条例》（以下称《条例》），结合本省实际，制定本办法。

第二条　本省境内的各类企业、有雇工的个体工商户（以下称用人单位）应当依照《条例》及本办法的规定参加工伤保险，为本单位全部职工或者雇工（以下称职工）缴纳工伤保险费。

有雇工的个体工商户参加工伤保险，由省劳动保障行政部门在试点的基础上，会同有关部门制定具体办法，报省政府批准后实施。

第三条　县级以上地方各级人民政府劳动保障行政部门负责本行政区域内的工伤保险工作。

第四条　工伤保险基金在设区的市实行全市统筹。吕梁市、忻州市可先从县级统筹起步，逐步向市级统筹过渡。

省属国有重点煤矿和平朔煤炭工业公司、太原煤气化集团有限责任公司的工伤保险基金统筹，委托省煤炭工业行政部门办理，但工伤认定、劳动能力鉴定，由企业所在地设区的市级劳动保障行政部门和劳动能力鉴定委员会负责。

第五条　工伤保险费根据以支定收、收支平衡的原则，确定费率。

用人单位初次缴费费率，由工伤保险经办机构（以下称经办机构）根据其《企业法人营业执照》或者《营业执照》登记的经营范围，按统筹地区行业基准费率确定。营业范围跨行业的按风险相对较高的行业确定；无法确定的，以统筹地区平均缴费率确定。

经办机构根据用人单位工伤保险费使用、工伤发生率、职业病危害程度等因素，在基准费率的基础上，一至三年浮动一次缴费费率。

第六条　工伤保险基金存入社会保障基金财政专户，用于下列项目的支出：

（一）工伤医疗费；

（二）一次性伤残补助金；

（三）一级至四级工伤职工伤残津贴；

（四）生活护理费；

（五）辅助器具安装、配置费；

（六）工伤康复费；

（七）丧葬补助金；

（八）供养亲属抚恤金；

（九）一次性工亡补助金；

（十）劳动能力鉴定费；

（十一）工伤认定调查核实费；

（十二）宣传和科研费；

（十三）法律、法规规定的用于工伤保险的其他费用。

第七条　工伤保险储备金用于统筹地区重大事故的工伤保险待遇支付。储备金的提取比例，应根据统筹地区的产业结构和发生重大事故工伤保险费用占工伤保险总费用的比例确定，一般不超过当年基金征缴总额的20%。储备金滚存结余总额不应超过当年基金应征缴总额的30%。储备金不足支付的，由统筹地区的人民政府垫付。储备金的使用办法由设区的市级人民政府规定。

第八条　职工发生事故伤害或者被诊断、鉴定为职业病之日起30日内，由用人单位提出工伤认定申请。遇有特殊情况，不能提出工伤认定申请的，经报统筹地区劳动保障行政部门同意，申请时限可以适当延长，但延长时间不得超过150日。

第九条　用人单位、工伤职工或者其直系亲属、工会组织提出工伤认定申请，应当填写《工伤认定申请表》并提交下列材料：

（一）用人单位营业执照复印件（工伤职工或者其直系亲属、工会组织提出申请的可以不提供）；

（二）本人身份证复印件；

（三）劳动合同文本复印件或者其他建立劳动关系的有效证明；

（四）医疗诊断证明或者职业病诊断证明书（或者职业病诊断鉴定书）。

因履行工作职责受到暴力伤害的，提交公安机关或者人民法院的判决书或其他有效证明。

由于机动车事故引起的伤亡事故提出工伤认定的，提交公安交通管理等部门的责任认定书或其他有效证明。

因工外出期间，由于工作原因受到伤害的，提交公安机关证明或者其他证明；发生事故下落不明的，认定因工死亡提交人民法院宣告死亡的结论。

在工作时间和工作岗位，突发疾病死亡或者在 48 小时之内经抢救无效死亡的，提交医疗机构的抢救和死亡证明。

属于抢险救灾等维护国家利益、公共利益活动中受到伤害的，按照法律法规规定，提交有效证明。

属于因战、因公负伤致残的转业、复员军人，旧伤复发的，提交《革命伤残军人证》及医疗机构对旧伤复发的诊断证明。

第十条　劳动保障行政部门应当自工伤认定决定作出之日起20 个工作日内，将工伤认定决定送达认定申请人以及受伤害职工（或其直系亲属）和用人单位，并抄送经办机构。

认定为工伤或者视同工伤的，除工亡职工外，由劳动保障行政部门核发《职工工伤证》。《职工工伤证》由工伤职工本人保管，用人单位不得扣留。职工工伤证的样式由省劳动保障行政部门统一制定。

第十一条　劳动能力鉴定委员会履行下列职责：

（一）工伤职工劳动能力的鉴定；

（二）延长停工留薪期的确认；

（三）安装、配置辅助器具的确认；

（四）工伤复发的确认；

（五）工亡职工供养亲属劳动能力的鉴定。

第十二条　用人单位、工伤职工或者其直系亲属提出劳动能力鉴定申请，应当填写《劳动能力鉴定申请表》并提交下列材料：

（一）《职工工伤证》；

（二）工伤认定决定；

（三）职工工伤医疗的有关资料。

劳动能力鉴定申请表的样式由省劳动能力鉴定委员会统一制定。

第十三条　申请劳动能力再次鉴定或者复查鉴定，鉴定结论与原鉴定结论没有变化的，鉴定费用由申请人承担。

劳动能力鉴定委员会确认延长工伤职工停工留薪期所需费用，由用人单位承担。

劳动能力鉴定费用标准，由省物价部门会同省财政部门制定。

第十四条　生活不能自理的工伤职工在停工留薪期需要护理的，经收治的医疗机构出具证明，由所在单位派人陪护或者按照统筹地区上年度职工月平均工资 60%的标准按月发给陪护费。

第十五条　用人单位、工伤职工或者其直系亲属向经办机构提出工伤保险待遇申请，应当填写工伤保险待遇申请表并提交下列材料：

（一）工伤认定决定；

（二）劳动能力鉴定结论；

（三）工伤职工因工作遭受事故伤害或者患职业病前 12 个月

的缴费工资证明。

申请因工死亡职工直系亲属的工伤保险待遇,需提供前款第(一)、(三)项规定的材料,以及供养亲属的有关证明材料。

第十六条 伤残津贴、生活护理费和一次性伤残补助金,自作出劳动能力鉴定结论的次月起计发。供养亲属抚恤金从职工工亡的次月起计发。

第十七条 工伤职工需要进行康复性治疗的,由医疗机构提出诊断建议,报经办机构核实。工伤职工需要安装、配置辅助器具或者工伤复发需要治疗的,由医疗机构提出诊断建议,报劳动能力鉴定委员会确认。

第十八条 职工因工致残被鉴定为五级、六级伤残的,由用人单位和职工个人按照规定缴纳应缴纳的各项社会保险费。其中,按月领取伤残津贴的,以伤残津贴为基数缴费。

第十九条 一次性工亡补助金标准为 48 个月的统筹地区上年度职工月平均工资,在抢险救灾等维护国家利益、公共利益活动中工亡的为 54 个月,被授予革命烈士称号的为 60 个月。

第二十条 伤残津贴、供养亲属抚恤金、生活护理费由统筹地区劳动保障行政部门根据职工平均工资和生活费用变化等情况适时调整。调整办法可参照企业退休人员基本养老金调整的时间和幅度进行。

第二十一条 职工因工致残被鉴定为五级、六级伤残的,经本人提出,可以与用人单位解除或者终止劳动关系,由用人单位支付一次性工伤医疗补助金和伤残就业补助金。

一次性工伤医疗补助金标准:五级伤残为 36 个月的本人工资,六级伤残为 33 个月的本人工资。

一次性伤残就业补助金标准:五级伤残为 24 个月的本人工资,六级伤残为 21 个月的本人工资。

工伤职工距法定退休年龄不足 5 年的,一次性工伤医疗补助金和伤残就业补助金，以5年为基数每少1年递减10%。

工伤职工达到退休年龄或者办理退休手续的，不享受一次性工伤医疗补助金和伤残就业补助金。

第二十二条　职工因工致残被鉴定为七级至十级伤残，劳动合同期满终止，或者职工本人提出解除劳动合同的，由用人单位支付一次性工伤医疗补助金和伤残就业补助金。

一次性工伤医疗补助金标准：七级伤残为24个月的本人工资，八级伤残为21个月的本人工资，九级伤残为18个月的本人工资，十级伤残为15个月的本人工资。

一次性伤残就业补助金标准：七级伤残为15个月的本人工资，八级伤残为12个月的本人工资，九级伤残为9个月的本人工资，十级伤残为6个月的本人工资。

工伤职工本人提出与用人单位解除劳动合同，且距法定退休年龄不足5年的，一次性工伤医疗补助金和伤残就业补助金，以5年为基数每少1年递减10%。

工伤职工达到退休年龄或者办理退休手续的，不享受一次性工伤医疗补助金和伤残就业补助金。

第二十三条　由于交通事故等民事伤害造成的工伤，除伤残津贴、供养亲属抚恤金外，其他相关赔偿额低于工伤保险待遇标准的，按照"分项对应、累计相加、总额对比"的计算方法，由经办机构或者用人单位按规定补足差额。经办机构或者用人单位先期垫付的费用，工伤职工或者其亲属获得民事伤害赔偿后应当予以偿还。

第二十四条　未参加工伤保险的职工因工作遭受事故伤害或者患职业病的，已参保的用人单位超出规定经营范围致使职工遭受事故伤害或者患职业病的，其工伤保险待遇均由用人单位支付。

第二十五条　职工与用人单位之间因劳动关系发生争议的，当事人应当向劳动争议仲裁委员会申请仲裁，由劳动争议仲裁委员会依法确定劳动关系。依法定程序处理劳动争议的时间不计算在工伤认定的时限内。

第二十六条　大中专院校、技工学校、职业高中学生在实习单位因工作受到事故伤害，可以由实习单位和学校按照双方约定，参照《条例》和本办法规定的标准，给予一次性补偿。

第二十七条　本办法施行前受到事故伤害或者患职业病的职工，已完成工伤认定的，其工伤待遇标准和支付渠道按原规定执行，待遇的调整按照本办法第二十条的规定办理。

第二十八条　本办法自公布之日起施行。

山西省煤矿井下职工意外伤害保险
制度试行办法

第一条 为维护煤矿井下职工合法权益，使其在井下作业遭受意外伤害后得到合理的经济补偿，分散企业风险，促进企业安全管理，根据《中华人民共和国煤炭法》、国务院《关于进一步加强安全生产工作的决定》（国发 [2004] 2 号）、《山西省煤矿安全生产监督管理规定》（省人民政府令第 171 号）和国家有关法律法规，制订本办法。

第二条 煤矿井下作业职工意外伤害是指煤矿井下作业职工在井口（露天坑口）以下进行生产作业活动过程中，因遭受顶板、瓦斯、机电、运输、爆破、火灾、水害及其他事故造成的人身直接伤害（不含职业病），并导致身体残疾或死亡的意外事故。

第三条 煤矿井下职工意外伤害保险制度是工伤保险的补充，煤矿企业应在参加工伤保险的基础上为煤矿井下职工这一特殊劳动群体办理井下职工意外伤害保险，缴纳保险费。

山西省煤矿井下职工意外伤害保险制度由省煤炭工业局组织落实，受省劳动和社会保障厅业务指导。

第四条 意外伤害保险制度适用范围：山西省境内取得合法开采权的煤矿企业，包括国有重点煤矿、地方国有煤矿、乡镇煤矿及不同经济类型的生产矿井以及取得批准立项的基建和技改矿井的全部井下职工。

建立煤矿井下职工意外伤害保险制度的原则：

（一）意外伤害保险制度实行低费额收缴，统一标准赔付；

（二）意外伤害保险实行煤矿企业统筹共济、互助自救。筹集

费用实行统一管理、统一调剂;

(三) 按照煤矿企业生产条件、工伤事故发生情况,实行差别费额和浮动费额,促使企业不断加大安全投入,提高安全管理水平,减少事故发生。

第五条 意外伤害保险义务人是指符合第四条规定承担缴费义务的各类煤矿企业,保险义务人与本办法所称的"煤矿企业"属于同一概念。

意外伤害保险的保险人是指经办此项业务工作的煤炭社会保险经办机构,即山西煤炭工业社会保险事业局(以下简称省煤炭社保局)。

意外伤害保险的被保险人是指从事井下生产劳动的各类职工。

第六条 工作岗位虽不固定在井下,但属于煤矿企业在册的管理等人员,下井工作期间也可以视为被保险人:

(一) 管理人员下井行使职务工作的;

(二) 专业技术人员下井进行科学试验、调查研究、技术指导的;

(三) 领导指派下井完成特定工作任务的。

第七条 保险义务人应当向省煤炭社保局办理意外伤害保险登记。

保险义务人申请登记需交验工商营业执照、采矿许可证和生产许可证复印件,并提供煤炭工业劳动统计报表和参加工伤保险的相关的资料。

第八条 保险义务人应当为被保险人登记,登记内容主要为:

填写意外伤害保险登记表,包括被保险人姓名、年龄、身份证号码、工作岗位和劳动合同等内容。岗位固定在井下的职工应当进行个别登记;属于第六条规定范围的职工应当进行集体登记。

第九条 已进行保险登记的被保险人由于调动工作、终止劳动关系、死亡等原因脱离井下工作岗位后,保险义务人应及时对其进行注销登记，免除缴费义务。保险义务人为被保险人进行初始登记后，凡是未进行注销登记的，视同连续登记并履行缴费义务。

第十条 保险义务人为被保险人登记和缴费是意外伤害保险确认和保险给付的必要条件。

第十一条 被保险人属于下列情形之一的，应当确认为井下意外伤害：

（一）从事井下生产作业遭受意外伤害的；

（二）出入矿井途中遭受意外伤害的；

（三）在井下遭受其他意外伤害的；

（四）属于第六条规定情形之一遭受意外伤害的。

第十二条 被保险人由于下列情形之一致残或死亡的，不认定为意外伤害：

（一）因犯罪或者违反治安管理伤亡的；

（二）自杀或自残的；

（三）醉酒导致伤亡的；

（四）井下斗殴伤亡的；

（五）保险义务人或被保险人的其他故意行为。

第十三条 意外事故发生后，煤矿企业应对遭受伤害的职工进行及时救治，按工伤保险报告程序规定在24小时内报省煤炭社保局。

第十四条 确认意外伤害死亡应当提交以下资料：

（一）保险单或其他保险凭证；

（二）工伤认定决定；

（三）施救医院出具的死亡证明书；

（四）工亡职工及受益人户籍证明及身份证明；

（五）被保险人户籍（或暂住证）注销证明。

第十五条 确认意外伤害致残应当提交以下资料：

（一）保险单或其他保险凭证；

（二）《职工工伤证》或工伤认定决定；

（三）劳动能力鉴定结论；

（四）被保险人户籍证明和身份证明。

第十六条　被保险人在井下失踪的，其所在煤矿或者亲属应当向当地人民法院报告，省煤炭社保局根据人民法院宣告死亡的法律文书认定意外伤害死亡。

第十七条　意外伤害保险期为一年，自保险义务人为被保险人缴费并签发保险单的次日零时起至约定的终止日 24 时止。

第十八条　意外伤害保险的缴费标准按不同类型煤矿企业的安全状况区分，井下职工缴费金额暂定为：国有重点煤矿 120 元/人·年；被兼并煤矿 300 元/人·年。集体登记人员缴费标准分别按上述标准的 50%缴纳。

第十九条　意外伤害保险费每年缴纳一次，保险义务人按保险确定之日起，将本企业井下职工本年度全部应缴保费足额汇入省煤炭社保局开设的意外伤害保险费专户。企业缴纳的保险费由煤矿企业安全生产资金中列支。

第二十条　对发生意外伤害的职工，企业须按工伤保险申办程序及时办理有关手续，由省煤炭社保局按本办法有关规定将补偿费用直接发给伤残职工。意外伤害导致死亡的，补偿费用可发给其法定继承人或指定受益人。

第二十一条　意外伤害保险实行一次性补偿，死亡职工补偿每人 15 万元；伤残职工补偿标准按其致残等级以工亡职工补偿标准相应的比例确定，具体标准见下表（略）：

第二十二条　意外伤害保险费按统一规定的缴费标准筹集，专户储存，专款专用，任何单位和个人不得挪作他用，确保资金的安全和完整。

第二十三条　为了保证资金的安全与合理使用，意外伤害保险资金实行审计监督制度。

对违反财经纪律，给意外伤害保险资金造成重大损失的单位负责人和直接责任者，要追究其法律责任。

第二十四条　意外伤害保险业务由省煤炭社保局负责，其主要职责是：在省煤炭行政部门的领导下，经办意外伤害保险的全部业务。根据国家有关法律法规，研究拟定意外伤害保险的有关规章制度，测算煤矿企业井下意外伤害保险的征缴费额以及补偿标准，报上级主管部门批准后执行；负责意外伤害保险费的收缴、支付管理工作；负责意外伤害保险专业人员的聘用、培训和业务考核，监督检查所属代办机构和代办人员的工作。

第二十五条　对保险义务人缴纳意外伤害保险费情况，纳入省煤炭行政部门对企业年度工作目标责任制考核内容，并列入煤矿安全整治、煤矿安全监察范围。

第二十六条　保险义务人或被保险人弄虚作假逃避缴费义务或骗取保险补偿费用的，按有关规定予以处罚；构成犯罪的，依法追究法律责任。

第二十七条　本试行办法从下发之日起施行。

山西省人力资源和社会保障厅、财政厅关于调整省属国有重点煤矿企业工伤职工伤残津贴、生活护理费及因工死亡职工供养亲属抚恤金的通知

晋人社厅发 [2012] 86 号

各省属国有重点煤矿企业，平朔煤炭工业公司、华晋焦煤公司、山西中煤华晋能源公司、省监狱管理局所属煤矿企业，山西煤炭工业社会保险事业局：

根据《工伤保险条例》和《山西省实施<工伤保险条例>试行办法》的有关规定，决定从 2012 年 1 月 1 日起，调整省属国有重点煤矿企业工伤职工伤残津贴和生活护理费及因工死亡职工供养亲属抚恤金，现就有关事项通知如下：

一、调整范围

2011 年 12 月 31 日前按月领取伤残津贴、生活护理费的工伤职工及因工死亡职工供养亲属抚恤金的人员。

二、调整标准

（一）伤残津贴

1. 一级伤残每人每月增加 165 元，二级伤残每人每月增加155元，三级伤残每人每月增加 145 元，四级伤残每人每月增加135元，五级伤残每人每月增加 125 元，六级伤残每人每月增加115元。（其中：1996 年 10 月 1 日前因工致残，被鉴定为完全丧失劳动能力和大部分丧失劳动能力的，其伤残津贴的调整标准为：完全丧失劳动能力的每人每月增加 150 元，大部分丧失劳动能力的

每人每月增加 120 元。）

2. 一级至六级伤残人员，在上述基础上，再按下列标准增加伤残津贴：

按上述规定调整伤残津贴前，月伤残津贴低于统筹范围内平均伤残津贴水平 2200 元的，每人每月再增加 105 元；月伤残津贴高于 2200 元低于 4000 元之间的，每人每月再增加 75 元；月伤残津贴高于 4000 元的，每人每月再增加 35 元。

3. 一级至四级伤残人员按上述标准增加伤残津贴后，其月伤残津贴仍达不到 1650 元的，调整到 1650 元。

（二）生活护理费

属于生活完全不能自理的每人每月增加 80 元，生活大部分不能自理的每人每月增加 70 元，生活部分不能自理的每人每月增加 60 元。

生活护理费按上述标准增加后，生活完全不能自理其护理费低于 1200 元的调整为每人每月 1200 元；生活大部分不能自理其护理费低于 960 元的调整为每人每月 960 元；生活部分不能自理其护理费低于 720 元的调整为每人每月 720 元。

（三）供养亲属抚恤金

配偶每人每月增加 70 元，其他亲属每人每月增加 60 元，孤寡老人或者孤儿每人每月在上述标准的基础上再增加 10 元。

供养亲属抚恤金按上述标准增加后，其配偶抚恤金低于 820 元的调整为每人每月 820 元；其他亲属抚恤金低于 660 元的调整为每人每月 660 元。

三、资金渠道

调整一至四级工伤职工伤残津贴、生活护理费及因工死亡职工供养亲属抚恤金所需资金，凡参加工伤保险统筹并由工伤保险基金支付的，由工伤保险基金承担；未纳入工伤保险统筹仍由企业支付待遇的，由企业按原渠道解决。调整五级和六级工伤职工伤残津贴所需资金由企业按原渠道解决。

四、待遇审批

按本通知调整伤残津贴、生活护理费及供养亲属抚恤金的，由企业填写省统一印制的审批表，经山西煤炭工业社会保险事业局审核后，报省人力资源社会保障厅审批。

五、其他

（一）按照原省劳动保障厅、省财政厅《关于调整企业职工丧葬费和遗属生活困难补助费等待遇标准的通知》（晋劳社养[2002] 310 号）规定领取工伤护理费和因工死亡职工供养直系亲属抚恤金的人员，其工伤护理费和供养直系亲属抚恤金的调整按本通知执行。

工伤职工已办理退休手续并按养老保险政策规定按月领取养老金的，不参加伤残津贴的调整。

（二）本通知下发前已按照有关规定一次性结算工伤保险待遇并终止工伤保险关系的人员，不在这次待遇调整的范围。

（三）省直管事业单位工伤保险待遇的调整，参照本通知规定执行。

这次调整企业工伤人员工伤保险待遇，是以人为本、构建和谐社会的要求，是保障和改善民生的重要举措。各有关部门和企业要高度重视，切实加强领导，抓紧组织实施，尽快将增加的待遇发放到工伤人员手中。

二〇一二年六月二十日

国家安全监管总局煤矿安监局关于印发煤矿作业场所职业危害防治规定（试行）的通知

（安监总煤调〔2010〕121号）

各产煤省、自治区、直辖市及新疆生产建设兵团煤矿安全监管部门和煤炭行业管理部门，各省级煤矿安全监察机构，司法部直属煤矿管理局，有关中央企业：

为认真贯彻落实《国务院办公厅关于继续深入开展"安全生产年"活动的通知》（国办发〔2010〕15号）精神，进一步做好煤矿作业场所职业危害监管监察工作，落实煤矿企业职业危害防治主体责任，稳步推进煤矿职业健康工作，现将《煤矿作业场所职业危害防治规定（试行)》印发给你们，自2010年9月1日起施行。

国家安全生产监督管理总局

国家煤矿安全监察局

二〇一〇年七月二十二日

煤矿作业场所职业危害防治规定（试行）

一、总则

（一）为加强煤矿作业场所职业危害防治工作，保护煤矿从业人员的健康，依据《中华人民共和国安全生产法》、《中华人民共和国煤炭法》、《中华人民共和国矿山安全法》、《中华人民共和国职业病防治法》、《煤矿安全监察条例》等有关法律、行政法规，制定本规定。

（二）本规定适用于中华人民共和国领域内各类煤矿及其所属地面存在职业危害的作业场所。

（三）本规定煤矿职业危害（以下简称煤矿职业危害）主要指以下职业危害因素：

粉尘：煤尘、岩尘、水泥尘等；

化学物质：氮氧化物、碳氧化物、硫化氢等；

物理因素：噪声、高温等。

（四）煤矿作业场所职业危害防治坚持以人为本、预防为主、综合治理的方针。

（五）煤矿职业危害防治实行国家监察、地方监管、企业负责的制度，按照源头治理、科学防治、严格管理、依法监督的要求开展工作。煤矿安全监察机构依法负责煤矿职业危害防治的监察工作，地方各级人民政府煤矿安全生产监督管理部门（以下简称煤矿安全监管部门）负责煤矿职业危害防治的日常监督管理工作，煤矿企业是煤矿职业危害防治的责任主体。

二、煤矿职业危害防治管理

（六）煤矿企业法定代表人是本单位职业危害防治工作的第一责任人。

（七）煤矿企业应建立健全职业危害防治领导机构，负责制定职业危害防治规划、年度计划和机构设置、职责分工、经费落实等工作，加强对职业危害防治工作的领导。

（八）煤矿企业应建立健全职业危害防治管理机构，配备专职管理人员，负责职业危害防治日常管理工作。

（九）煤矿企业应建立职业危害防治院所，负责企业职业危害因素监（检）测与评价、职业健康监护、职业病诊断治疗康复等工作；不具备建立条件的，必须委托职业卫生技术服务机构为其提供职业危害防治技术服务。

（十）煤矿企业应建立健全下列职业危害防治制度：

1.职业危害防治责任制度；2.职业危害防治计划和实施方案；3.职业危害告知制度；4.职业危害防治宣传教育培训制度；5.职业危害防护设施管理制度；6.从业人员防护用品配备发放和使用管理制度；7.职业危害日常监测管理制度；8.职业健康监护管理制度；9.职业危害申报制度；10.职业病诊断鉴定及治疗康复制度；11.职业危害防治经费保障及使用管理制度；12.职业卫生档案与职业健康监护档案管理制度；13.职业危害事故应急救援预案；14.法律、法规、规章规定的其他职业危害防治制度。

（十一）煤矿企业应将煤矿建设项目职业危害防治专篇、职业危害预评价报告、职业危害控制效果评价报告、职业危害防护设施验收批复文件及时报送建设项目所在地煤矿安全监管部门和驻地煤矿安全监察机构。

（十二）煤矿企业应指定专职或兼职职业危害因素监测人员，配备足够的监测仪器设备，按照有关规定对作业场所职业危害因素进行日常监测。监测人员按特种作业人员管理，持特种作业操作资格证上岗。

（十三）煤矿企业应委托具有资质的职业卫生技术服务机构，每年对作业场所职业危害因素进行一次检测评价，并将其结果报告所在地煤矿安全监管部门和驻地煤矿安全监察机构，同时向从业人员公布。

（十四）煤矿企业要积极依靠科技进步，应用有利于职业危害防治和保护从业人员健康的新技术、新工艺、新材料、新产品，坚决限制、逐步淘汰职业危害严重的技术、工艺、材料和产品。

（十五）煤矿企业要通过优化生产布局和工艺流程，使有害作业和无害作业分开，尽可能减少接触职业危害的人数和接触时间。

（十六）煤矿企业应按照《煤矿职业安全卫生个体防护用品配备标准》（AQ1501）规定，为接触职业危害的从业人员提供符合要求的个体防护用品，并指导和督促其正确使用。

（十七）煤矿企业应强化劳动用工管理，切实履行告知义务，与从业人员订立劳动合同时，应将作业过程中可能产生的职业危害及其后果、防护措施和相关待遇等如实告知从业人员，并在劳动合同中载明。

（十八）煤矿企业应在醒目位置设置公告栏，公布职业危害防治的规章制度、操作规程和作业场所职业危害因素检测结果；对产生严重职业危害的作业岗位，应在醒目位置设置警示标识和说明。

（十九）煤矿企业主要负责人、管理人员应接受职业危害防治知识培训。

煤矿企业应对从业人员进行上岗前、在岗期间的职业危害防治知识培训，上岗前培训时间不少于 4 学时，在岗期间培训时间每年不少于 2 学时。

（二十）对接触职业危害的从业人员，煤矿企业应按照国家有关规定组织上岗前、在岗期间和离岗时的职业健康检查和医学随访，并将检查结果如实告知从业人员。职业健康检查费用由煤矿企业承担。

（二十一）接触职业危害作业人员的职业健康检查周期应当按照下表执行：

接触有害物质	体检对象	检查周期
煤尘（以煤尘为主）	在岗人员	2 年 1 次
	观察对象、I 期煤工尘肺患者	
岩尘（以岩尘为主）	在岗人员、观察对象、I 期矽肺患者	每年 1 次
噪声	在岗人员	
高温	在岗人员	
化学毒物	在岗人员	根据所接触的化学毒物确定检查周期
接触职业危害作业退休人员的职业健康检查周期按照有关规定执行		

（二十二）煤矿企业应为从业人员建立职业健康监护档案，并按照规定的期限妥善保存。从业人员离开煤矿企业时，有权索取本人职业健康监护档案复印件，煤矿企业应如实、无偿提供，并在所提供的复印件上签章。

（二十三）职业健康检查和职业病诊断工作应由具有资质的职业卫生技术服务机构承担。对已确诊的职业病人，应及时进行伤残度等级鉴定，并按照有关规定进行工伤赔偿。

（二十四）煤矿企业应提供足够的职业危害防治专项经费，确保专款专用。该项费用在财政部、国家发展改革委、国家煤矿安监局联合印发的《煤炭生产安全费用提取和使用管理办法》（财建〔2004〕119号）第六条第十项"其他与安全生产直接相关的费用"中列支。

（二十五）煤矿企业发生职业危害事故后，应及时向所在地煤矿安全监管部门和驻地煤矿安全监察机构报告，并采取有效措施，控制或者消除职业危害因素，防止事故扩大。对遭受职业危害损害的从业人员，要及时组织救治，并承担所需费用。

煤矿企业不得迟报、漏报、谎报或者瞒报煤矿职业危害事故。

三、煤矿职业危害申报

（二十六）煤矿企业应及时、如实向驻地煤矿安全监察机构申报职业危害，同时抄报所在地煤矿安全监管部门，并接受煤矿安全监察机构和煤矿安全监管部门的监督管理。

（二十七）煤矿安全监察分局应每年将煤矿企业职业危害申报结果进行汇总并上报省级煤矿安全监察机构。省级煤矿安全监察机构将年度职业危害申报结果汇总后，及时上报国家煤矿安全监察局。

（二十八）煤矿职业危害因素种类按照卫生部印发的《职业病危害因素分类目录》确定。

（二十九）煤矿企业申报职业危害时应提交《煤矿作业场所职业危害申报表》及下列有关材料：

1.煤矿企业的基本情况；2.煤矿职业危害因素的种类、浓度或强度情况； 3.煤矿作业场所接触职业危害因素的人数及分布情况； 4.职业危害防护设施及个体防护用品的配备情况；5.法律、法规和规章规定的其他资料。

（三十）煤矿职业危害申报采取电子报表和纸质文本两种方式。纸制《煤矿作业场所职业危害申报表》应加盖公章并由煤矿企业主要负责人签字后，连同有关资料一并上报。

（三十一）职业危害申报以煤矿为单位，每年申报一次，煤矿企业应于每年 3 月 31 日前完成上一年度申报工作。

（三十二）煤矿企业发生以下重大变化的，应按照下述规定向原申报机关申报变更：

1.进行新建、改建、扩建、技术改造或者技术引进的，在建设项目竣工验收之日起 30 日内进行申报；2.因技术、工艺或者材料发生变化导致原申报的职业危害因素及其相关内容发生重大变化的，在技术、工艺或者材料变化之日起 15 日内进行申报； 3.煤矿企业名称、法定代表人或者主要负责人发生变化的，在发生变化之日起 15 日内进行申报。

（三十三）煤矿职业危害申报不得收取任何费用。

（三十四）煤矿安全监察机构和煤矿安全监管部门及其工作人员应当对煤矿企业职业危害申报材料中涉及的商业和技术等秘密保密。违反有关保密义务的，应当承担相应的法律责任。

四、煤矿粉尘危害防治

（三十五）煤矿作业场所粉尘接触浓度管理限值判定标准如下：

粉尘种类	游离 SiO_2 含量（%）	呼吸性粉尘浓度（mg/m^3）
煤尘	≤5	5.0
岩尘	5~10	2.5
	10~30	1.0
	30~50	0.5
	≥50	0.2
水泥尘	<10	1.5

（三十六）粉尘监测采样点的选择和布置要求如下：

类别	生产工艺	测尘点布置
回采工作面	采煤机落煤、工作面多工序同时作业	回风侧 10m~15m 处
	司机操作采煤机、液压支架工移架、回柱放顶移刮板输送机、司机操作刨煤机、工作面爆破处	在工人作业的地点
	风镐、手工落煤及人工攉煤、工作面顺槽钻机钻孔、煤电钻打眼、薄煤层刨煤机落煤	在回风侧 3m~5m 处
掘进工作面	掘进机作业、机械装岩、人工装岩、刷帮、挑顶、拉底	距作业地点回风侧 4m~5m 处
	掘进机司机操作掘进机、砌碹、切割联络眼、工作面爆破作业	在工人作业地点
	风钻、电煤钻打眼、打眼与装岩机同时作业	距作业地点 3m~5m 处巷道中部
锚喷	打眼、打锚杆、喷浆、搅拌上料、装卸料	距作业地点回风侧 5m~10m 处
转载点	刮板输送机作业、带式输送机作业、装煤（岩）点及翻罐笼	回风侧 5m~10m 处
	翻罐笼司机和放煤工人作业、人工装卸料	作业人员作业地点
井下其他场所	地质刻槽、维修巷道	作业人员回风侧 3m~5m 处
	材料库、配电室、水泵房、机修硐室等处工人作业	作业人员活动范围内
露天煤矿	钻机穿孔、电铲作业	下风侧 3m~5m 处
	钻机司机操作钻机、电铲司机操作电铲	司机室内
地面作业场所	地面煤仓等处进行生产作业	作业人员活动范围内

（三十七）呼吸性粉尘浓度监测应在正常生产时段进行，呼吸性粉尘可采用定点或个体方法进行。监测周期如下：

监测种类	监测地点	监测周期
工班个体呼吸性粉尘	采、掘（剥）工作面	3个月1次
	其他地点	6个月1次
定点呼吸性粉尘		1个月1次
粉尘分散度		6个月1次
游离二氧化硅含量		6个月1次

（三十八）粉尘监测人员及设备配备要求如下：

测尘点数量	测尘人员数量	测尘仪器数量
<20	≥1人	≥2台
20~40	≥2人	≥4台
40~60	≥3人	≥6台
>60	≥4人	≥8台
露天煤矿和地面工厂	≥2人	≥4台

（三十九）矿井必须建立完善的防尘洒水系统。永久性防尘水池容量不得小于200m³，且贮水量不得小于井下连续2小时的用水量，并设有备用水池，其贮水量不得小于永久性防尘水池的一半。防尘管路应铺设到所有可能产生粉尘和沉积粉尘的地点，管道的规格应保证各用水点的水压能满足降尘需要，且必须安装水质过滤装置，保证水质清洁。

（四十）掘进井巷和硐室时，必须采用湿式钻眼，冲洗井壁巷帮，使用水炮泥，爆破过程中采用高压喷雾（喷雾压力不低于8MPa）或压气喷雾降尘、装岩（煤）洒水和净化风流等综合防尘措施。

（四十一）在煤、岩层中钻孔，应采取湿式作业。煤（岩）与瓦斯突出煤层或软煤层中瓦斯抽放钻孔难以采取湿式钻孔时，可采取干式钻孔，但必须采取捕尘、降尘措施，其降尘效率不得低于95%，并确保捕尘、降尘装置能在瓦斯浓度高于1%的条件下安全运行。

（四十二）炮采工作面应采取湿式钻眼法，使用水炮泥；爆破前、后应冲洗煤壁，爆破时应采用高压喷雾（喷雾压力不低于8MPa）或压气喷雾降尘，出煤时应当洒水降尘。

（四十三）采煤机必须安装内、外喷雾装置，内喷雾压力不得低于2MPa，外喷雾压力不得低于4MPa，如果内喷雾装置不能正常使用，外喷雾压力不得低于8MPa。无水或喷雾装置不能正常使用时，必须停机；液压支架必须安装自动喷雾降尘装置，实现降柱、移架同步喷雾；破碎机必须安装防尘罩，并加装喷雾装置或用除尘器抽尘净化。放顶煤采煤工作面的放煤口，必须安装高压喷雾装置（喷雾压力不低于8MPa）。掘进机掘进作业时，应使用内、外喷雾装置和除尘器构成的综合防尘系统，并对掘进头含尘气流进行有效控制。

（四十四）采掘工作面回风巷应安设至少2道自动控制风流净化水幕。

（四十五）井下煤仓放煤口、溜煤眼放煤口以及地面带式输送机走廊，都必须安设喷雾装置或除尘器，作业时进行喷雾降尘或用除尘器除尘。其中煤仓放煤口、溜煤眼放煤口采用喷雾降尘时，喷雾压力不得低于8MPa。

（四十六）预先湿润煤体。煤层注水过程中应当对注水流量、注水量及压力等参数进行监测和控制，单孔注水总量应使该钻孔预湿煤体的平均水分含量增量不得低于1.5%，封孔深度应保证注水过程中煤壁及钻孔不漏水或跑水。在厚煤层分层开采时，应采取在上一分层的采空区内灌水，对下一分层的煤体进行湿润。

（四十七）锚喷支护防尘。打锚杆眼应实施湿式钻孔。锚喷支护作业时，沙石混合料颗粒的粒径不得超过15mm，且应在下井前洒水预湿。距离锚喷作业点下风流方向100m内，应设置2道以上风流净化水幕，且喷射混凝土时工作地点应采用除尘器抽尘净化。

（四十八）转载及运输防尘。转载点落差应小于 0.5m，若超过 0.5m，必须安装溜槽或导向板。各转载点应实施喷雾降尘（喷雾压力应大于 0.7MPa）或采用密闭尘源除尘器抽尘净化措施。在装煤点下风侧 20m 内，必须设置一道风流净化水幕。运输巷道内应设置自动控制风流净化水幕。

（四十九）露天煤矿钻孔作业时，应采取湿式钻孔；破碎作业时应采取密闭、通风除尘措施；应加强对钻机、电铲、汽车等司机操作室的防护；电铲装车前，应对煤（岩）洒水，卸煤时应设喷雾装置；运输路面应经常洒水，加强维护，保持路面平整。

五、煤矿噪声危害防治

（五十）煤矿作业场所噪声危害判定标准：煤矿作业场所从业人员每天连续接触噪声时间达到或者超过 8 小时的，噪声声级限值为 85dB（A）；每天接触噪声时间不足 8 小时的，可根据实际接触噪声的时间，按照接触噪声时间减半、噪声声级限值增加 3 dB（A）的原则确定其声级限值，最高不得超过 115 dB（A）。

（五十一）煤矿作业场所噪声每年至少监测 1 次。

（五十二）煤矿作业场所噪声的监测地点主要包括：露天煤矿的挖掘机、穿孔机、矿用汽车、带式输送机、排土机和爆破作业等地点；井工矿的风动凿岩机、风镐、局部通风机、煤电钻、乳化液机、采煤机、掘进机、带式输送机、运输车等地点。在每个监测地点选择 3 个测点，取平均值。

（五十三）井工矿在通风机房室内墙壁、屋面敷设吸声体；在压风机房设备进气口安装消声器，室内表面做吸声处理；对主井绞车房内表面进行吸声处理，局部设置隔声屏；在巷道掘进中应使用液动凿岩机或凿岩台车；在采煤工作面应使用双边链条刮板输送机等措施控制噪声。

（五十四）露天煤矿应及时对机械设备进行维护、检修，避免机械部件松动，并采取对驾驶室进行密闭隔音处理等措施，控制露天煤矿噪声。

六、煤矿高温危害防治

（五十五）煤矿生产矿井采掘工作面的空气温度不得超过26℃，机电设备硐室的空气温度不得超过30℃；当空气温度超过上述要求时，必须缩短超温地点工作人员的工作时间，并给予高温保健待遇。采掘工作面的空气温度超过30℃、机电设备硐室的空气温度超过34℃时，必须停止作业。

（五十六）进行高温监测时，作业场所无生产性热源的，选择3个测点，取平均值；存在生产性热源的，选择3~5个测点，取平均值。作业场所被隔离为不同热源环境或通风环境的，每个区域内设置2个测点，取平均值。

（五十七）常年从事高温作业的，选择在夏季最热月测量；不定期接触高温作业的，选择在工期内最热月测量；作业环境热源稳定时，每天测3次，工作班开始后及结束前0.5h分别测1次，工作班中间测1次，取平均值。

（五十八）应当实行通风降温，采取减少风阻、防止漏风、增加风机能力、加强通风管理等措施保证风量，并采用分区式开拓方式缩短入风线路长度，降低到达工作面风流的温度。

（五十九）局部热害严重的工作面应采用移动式制冷机组进行局部降温；非空调措施无法达到作业环境标准温度的，应采用空调降温。

（六十）露天煤矿应尽量采用机械化作业，减少高温和热辐射的影响；合理调整作业时间，避开日照最强烈的时段作业。

七、煤矿职业中毒防治

（六十一）煤矿作业场所主要化学毒物浓度限值如下：

化 学 毒 物 名 称	最 高 允 许 浓 度 （%）
一氧化碳 CO	0.0024
氧化氮 （换算成二氧化氮 NO_2）	0.00025
二氧化碳 CO_2	0.5
硫化氢 H_2S	0.00066

（六十二）化学毒物监测时应选择有代表性的作业地点，其中应包括空气中有害物质浓度最高、作业人员接触时间最长的作业地点。采样应在正常生产状态下进行。在不影响作业人员工作的情况下，采样点要尽可能靠近作业人员，空气收集器尽量接近作业人员工作时的呼吸带。

（六十三）氮氧化物至少每 3 个月监测 1 次、硫化氢至少每月监测 1 次、碳氧化物至少每 3 个月监测 1 次，煤层有自燃倾向的，根据需要随时监测。

（六十四）加强矿井通风，采用通风的方法将各种有害气体浓度稀释到《煤矿安全规程》规定的标准以下；加强个体防护，佩戴合格的个体防护用品。

（六十五）工作面采空区应及时予以封闭，设立警示牌，需要进入时，必须首先进行有害气体检查，确认安全后方可进入；需要进入闲置时间较长的巷道进行作业的，必须先通风、后作业。盲道或废弃巷道应及时予以密闭或用栅栏隔断，并设立警示牌。

（六十六）煤矿井下实施爆破后，为防止氮氧化物中毒，局部通风机风筒出风口距工作面的距离不得大于 5m，加强通风增加工作面的风量，及时排除炮烟。人员进入工作面进行作业前，必须把工作面的炮烟吹散稀释，并在工作面洒水。爆破时，人员必须撤到新鲜风流中，并在回风侧挂警戒牌。

八、职业卫生技术服务机构管理

（六十七）为煤矿企业提供服务的职业卫生技术服务机构，必须在省级煤矿安全监察机构备案，在资质许可范围内开展工作。

（六十八）为煤矿企业提供服务的职业卫生技术服务机构的入井人员，应当经煤矿安全培训机构培训合格后方可上岗。凡纳入安全标志管理目录、进入井下检测的仪器设备，必须有煤矿矿用产品安全标志（MA）。

（六十九）职业卫生技术服务机构应当依法依规、客观、真实、准确地开展检测、评价工作，并对其检测、评价结果负责。

九、监督检查

（七十）地方各级煤矿安全监管部门是本地区煤矿职业危害防治的日常监督管理机构。

1.对本地区煤矿职业危害防治工作进行日常性的监督检查；2.对煤矿企业违反职业危害防治法律法规的行为依法进行现场处理或实施行政处罚；3.对煤矿职业危害防治措施的实施情况进行监督检查；4.负责组织煤矿职业危害专项整治；5.参与煤矿职业危害事故调查处理。

（七十一）各级煤矿安全监察机构对煤矿职业危害防治工作依法履行国家监察职能。

1.对煤矿职业危害防治工作实施专项监察；2.对煤矿企业违反职业危害防治法律法规的行为依法进行现场处理或实施行政处罚；3.依法组织查处煤矿职业危害事故和有关违法、违规行为；4.负责煤矿职业卫生安全许可证的颁发管理工作；5.组织指导、监督检查煤矿职业危害防治知识培训工作；6.负责煤矿作业场所职业危害申报管理工作；7.监督检查地方政府煤矿安全监管部门的职业危害日常监督管理工作。

（七十二）省级煤矿安全监察机构应当做好职业卫生技术服务机构备案管理工作，发现存在违法违规行为的，取消备案。

十、煤矿职业危害事故认定与处理

（七十二）煤矿职业危害事故按所造成危害的严重程度，分为一般职业危害事故、较大职业危害事故、重大职业危害事故和特别重大职业危害事故四类。

1.一般职业危害事故，是指发生急性职业中毒 10 人以下或者急性职业中毒死亡 3 人以下；

2.较大职业危害事故，是指发生急性职业中毒 10 人以上50 人以下或者急性职业中毒死亡 3 人以上 10 人以下；

3.重大职业危害事故，是指发生急性职业中毒 50 人以上100 人以下或者急性职业中毒死亡 10 人以上 30 人以下；

4.特别重大职业危害事故，是指发生急性职业中毒 100 人以上或者急性职业中毒死亡 30 人以上。

（七十四）为加强煤矿作业场所粉尘危害防治工作，呼吸性粉尘浓度超过接触浓度管理限值 10 倍以上 20 倍以下且未采取有效治理措施的，比照一般事故进行调查处理；呼吸性粉尘浓度超过接触浓度管理限值 20 倍以上且未采取有效治理措施的，比照较大事故进行调查处理。

（七十五）煤矿职业危害事故调查处理程序和权限按照《生产安全事故报告和调查处理条例》、《煤矿生产安全事故报告和调查处理规定》（安监总政法〔2008〕212 号）执行。

十一、附则

（七十六）本规定所称的"以上"包括本数，所称的"以下"不包括本数。

（七十七）本规定下列用语的含义：

煤矿作业场所，是指煤矿作业人员进行职业活动的所有地点，包括建设项目施工场所。

职业危害，是指从业人员在从事职业活动中，由于接触粉尘、毒物等有害因素而对身体健康所造成的各种损害。

煤矿职业危害事故,是指煤矿从业人员在生产过程中，由于有毒有害物质等职业危害因素，造成伤亡、重大社会影响的事故。

所属地面作业场所：是指地面与煤矿生产和安全直接相关的

作业场所，具体包括为煤矿采煤、掘进、机电、运输、通风与安全服务的地面材料加工、原料供应、生产控制、机电维修、运输等作业场所。

（七十八）本规定中未涉及的其他职业危害因素按照有关规定执行。

（七十九）本规定自 2010 年 9 月 1 日起施行。

煤矿井下安全标志

井下安全标志

一、禁止标志

二、警告标志

注意安全	当心触电	注意矿车	当心瓦斯
当心火灾	当心冒顶	当心水灾	当心突出
当心火药爆炸		当心溜煤眼	当心坠落

三、指令标志

必须带矿工帽	必须系安全带	必须带自救器	从栈桥通过

四、提示标志

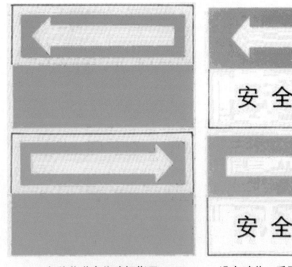

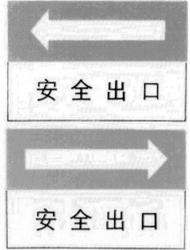

各种巷道内作路标指示 设在矿井、采区安全出口路线上

设在躲避洞口上方 设在急救站门上方 设在通往电话的通道上

五、识别标志

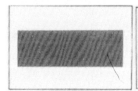

设在主要入风巷道的内侧 设在主要
回风巷道的两侧 设在抽排瓦斯管路上